中国重要农业文化遗产系列读本

云南普洱
古茶园与茶文化系统

YUNNAN PUER

GUCHAYUAN YU CHAWENHUA XITONG

闵庆文　邵建成◎丛书主编

袁　正　闵庆文◎主编

中国农业出版社

图书在版编目（CIP）数据

云南普洱古茶园与茶文化系统 / 袁正，闵庆文主编. -- 北京：
中国农业出版社，2014.10
（中国重要农业文化遗产系列读本 / 闵庆文，邵建成主编）
ISBN 978-7-109-19574-5

Ⅰ.①云… Ⅱ.①袁… ②闵… Ⅲ.①茶园—介绍—云南省
Ⅳ.① S571.1

中国版本图书馆CIP数据核字（2014）第226383号

中国农业出版社出版
（北京市朝阳区麦子店街18号楼）
（邮政编码 100125）
责任编辑 李 梅

北京中科印刷有限公司印刷 新华书店北京发行所发行
2015年10月第1版 2015年10月北京第1次印刷

开本：710mm×1000mm 1/16 印张：10.25
字数：226千字
定价：39.00元
（凡本版图书出现印刷、装订错误，请向出版社发行部调换）

编写委员会

序言
1

重要农业文化遗产是沉睡农耕文明的呼唤者，是濒危多样物种的拯救者，是悠久历史文化的传承者，是可持续性农业的活态保护者。

重要农业文化遗产——源远流长

回顾历史长河，重要农业文化遗产的昨天，源远流长，星光熠熠，悠久历史积淀下来的农耕文明凝聚着祖先的智慧结晶。中国是世界农业最早的起源地之一，悠久的农业对中华民族的生存发展和文明创造产生了深远的影响，中华文明起源于农耕文明。距今1万年前的新石器时代，人们学会了种植谷物与驯养牲畜，开始农业生产，很多人类不可或缺的重要农作物起源于中国。

《诗经》中描绘了古时农业大发展，春耕夏耘秋收的农耕景象："畟畟良耜，俶载南亩。播厥百谷，实函斯活。或来瞻女，载筐及莒，其饟伊黍。其笠伊纠，其镈斯赵，以薅荼蓼。荼蓼朽止，黍稷茂止。获之挃挃，积之栗栗。其崇如墉，其比如栉。以开百室，百室盈止。"又有诗云"绿遍山原白满川，子规声里雨如烟。乡村四月闲人少，才了蚕桑又插田"。《诗经·周颂》云"载芟，春藉田而祈社稷也"，每逢春耕，天子都要率诸侯行观耕藉田礼。至此中华五千年沉淀下了悠久深厚的农耕文明。

农耕文明是我国古代农业文明的主要载体，是孕育中华文明的重要组成部分，是中华文明立足传承之根基。中华民族在长达数千年的生息发展过程中，凭借着独特而多样的自然条件和人类的勤劳与智慧，创造了种类繁多、特色明显、经济与生态价值高度统一的传统农业生产系统，不仅推动了农业的发展，保障了百姓的生计，促进了社会的进步，也由此衍生和创造了悠久灿烂的中华文明，是老祖宗留给我们的宝贵遗产。千岭万壑中鳞次栉比的梯田，烟波浩渺的古茶庄园，波光粼粼和谐共生的稻鱼系统，广袤无垠的草原游牧部落，见证着祖先吃苦耐劳和生生不息的精神，孕育着自然美、生态美、人文美、和谐美。

重要农业文化遗产——传承保护

时至今日，我国农耕文化中的许多理念、思想和对自然规律的认知，在现代生活中仍具有很强的应用价值，在农民的日常生活和农业生产中仍起着潜移默化的作用，在保护民族特色、传承文化传统中发挥着重要的基础作用。挖掘、保护、传承和利用我国重要农业文化遗产，不仅对弘扬中华农业文化，增强国民对民族文化的认同感、自豪感，以及促进农业可持续发展具有重要意义，而且把重要农业文化遗产作为丰富休闲农业的历史文化资源和景观资源加以开发利用，能够增强产业发展后劲，带动遗产地农民就业增收，实现在利用中传承和保护。

习近平总书记曾在中央农村工作会议上指出，"农耕文化是我国农业的宝贵财富，是中华文化的重要组成部分，不仅不能丢，而且要不断发扬光大"。2015年，中央一号文件指出要"积极开发农业多种功能，挖掘乡村生态休闲、旅游观光、文化教育价值。扶持建设一批具有历史、地域、民族特点的特色景观旅游村镇，打造形式多样、特色鲜明的乡村旅游休闲产品"。2015政府工作报告提出"文化是民族的精神命脉和创造源泉。要践行社会主义核心价值观，弘扬中华优秀传统文化。重视文物、非物质文化遗产保护"。当前，深入贯彻中央有关决策部署，采取切实可行的措施，加快中国重要农业文化遗产的发掘、保护、传承和利用工作，是各级农业行政管理部门的一项重要职责和使命。

由于尚缺乏系统有效的保护，在经济快速发展、城镇化加快推进和现代技术应用的过程中，一些重要农业文化遗产正面临着被破坏、被遗忘、被抛弃的危险。近年来，农业部高度重视重要农业文化遗产挖掘保护工作，按照"在发掘中保护、在利用中传承"的思路，在全国部署开展了中国重要农业文化遗产发掘工作。发掘农业文化遗产的历史价值、文化和社会功能，探索传承的途径、方法，逐步形成中国重要农业文化遗产动态保护机制，努力实现文化、生态、社会和经济效益的统一，推动遗产地经济社会协调可持续发展。组建农业部全球重要农业文化遗产专家委员会，制定《中国重要农业文化遗产认定标准》《中国重要农业文化遗产申报书编写导则》和《农业文化遗产保护与发展规划编写导则》，指导有关省区市积极申报。认定了云南红河哈尼稻作梯田系统、江苏兴化垛田传统农业系统等39个中国重要农业文化遗产，其中全球重要农业文化遗产11个，数量占全球重要农业文化遗产总数的35%，目前，第三批中国重要农业文化遗产发掘工作也已启动。这些遗产包括传统稻作系统、特色农业系统、复合农业系统和传统特色果园等多种类型，具有悠久的历史渊源、独特的农业产品、丰富的生物资源、完善的知识技术体系以及较高的美学和文化价值，在活态性、适应性、复合性、战略性、多功能性和濒危性等方面具有显著特征。

重要农业文化遗产——灿烂辉煌

重要农业文化遗产有着源远流长的昨天，现今，我们致力于做好传承保护工作，相信未来将会迎来更加灿烂辉煌的明天。发掘农业文化遗产是传承弘扬中华文化的重要内容。农业文化遗产蕴含着天人合一、以人为本、取物顺时、循环利用的哲学思想，具有较高的经济、文化、生态、社会和科研价值，是中华民族的文化瑰宝。

未来工作要强调对于兼具生产功能、文化功能、生态功能等为一体的农业文化遗产的科学认识，不断完善管理办法，逐步建立"政府主导、多方参与、分级管理"的体制；强调"生产性保护"对于农业文化遗产保护的重要性，逐步建立农业文化遗产的动态保护与适应性管理机制，探索农业生态补偿、特色优质农产品开发、休闲农业与乡村旅游发展等方面的途径；深刻认识农业文化遗产保护的必要性、紧迫性、艰巨性，探索农业文化遗产保护与现代农业发展协调机制，特别要重视生态环境脆弱、民族文化丰厚、经济发展落后地区的农业文化遗产发掘、确定与保护、利用工作。各级农业行政管理部门要加大工作指导，对已经认定的中国重要农业文化遗产，督促遗产所在地按照要求树立遗产标识，按照申报时编制的保护发展规划和管理办法做好工作。要继续重点遴选重要农业文化遗产，列入中国重要农业文化遗产和全球重要农业文化遗产名录。同时要加大宣传推介，营造良好的社会环境，深挖农业文化遗产的精神内涵和精髓，并以动态保护的形式进行展示，能够向公众宣传优秀的生态哲学思想，提高大众的保护意识，带动全社会对民族文化的关注和认知，促进中华文化的传承和弘扬。

由农业部农产品加工局（乡镇企业局）指导，中国农业出版社出版的"中国重要农业文化遗产系列读本"是对我国农业文化遗产的一次系统真实的记录和生动的展示，相信丛书的出版将在我国重要文化遗产发掘保护中发挥重要意义和积极作用。未来，农耕文明的火种仍将亘古延续，和天地并存，与日月同辉，发掘和保护好祖先留下的这些宝贵财富，任重道远，我们将在这条道路上继续前行，力图为人类社会发展做出新贡献。

农业部党组成员

序言/2

自人类历史文明以来，勤劳的中国人民运用自己的聪明智慧，与自然共融共存，依山而住、傍水而居，经一代代的努力和积累创造出了悠久而灿烂的中华农耕文明，成为中华传统文化的重要基础和组成部分，并曾引领世界农业文明数千年，其中所蕴含的丰富的生态哲学思想和生态农业理念，至今对于国际可持续农业的发展依然具有重要的指导意义和参考价值。

针对工业化农业所造成的农业生物多样性丧失、农业生态系统功能退化、农业生态环境质量下降、农业可持续发展能力减弱、农业文化传承受阻等问题，联合国粮农组织（FAO）于2002年在全球环境基金（GEF）等国际组织和有关国家政府的支持下，发起了"全球重要农业文化遗产（GIAHS）"项目，以发掘、保护、利用、传承世界范围内具有重要意义的，包括农业物种资源与生物多样性、传统知识和技术、农业生态与文化景观、农业可持续发展模式等在内的传统农业系统。

全球重要农业文化遗产的概念和理念甫一提出，就得到了国际社会的广泛响应和支持。截至2014年底，已有13个国家的31项传统农业系统被列入GIAHS保护名录。经过努力，在今年6月刚刚结束的联合国粮农组织大会上，已明确将GIAHS工作作为一项重要工作，并纳入常规预算支持。

中国是最早响应并积极支持该项工作的国家之一，并在全球重要农业文化遗产申报与保护、中国重要农业文化遗产发掘与保护、推进重要农业文化遗产领域的国际合作、促进遗产地居民和全社会农业文化遗产保护意识的提高、促进遗产地经济社会可持续发展和传统文化传承、人才培养与能力建设、农业文化遗产价值评估和动态保护机制与途径探索等方面取得了令世人瞩目的成绩，成为全球农业文化遗产保护的榜样，成为理论和实践高度融合的新的学科生长点、农业国际合作的特色工作、美丽乡村建设和农村生态文明建设的重要抓手。自2005年"浙江青田稻鱼共生系统"被列为首批"全球重要农业文化遗产系统"以来的10年间，我国已拥有11个全球重要农业文化遗产，居于世界各国之首；2012年开展中国重要农业文化遗产发掘与保护，2013年和2014年共有39个项目得到认定，成为最早开展国家级农业文化遗产发掘与保护的国家；重要农业文化遗产管理的体制与机制趋于完善，并初步建立了"保护优先、合理利用，整体保护、协调发展，动态保护、功能拓展，多方参与、惠益共享"的保护方针和"政府主导、分级管理、多方参与"的管理机制；从历史文化、系统功能、动态保护、发展战略等方面开展了多学科综合研究，初步形成了一支包括农业历史、农业生态、农业经济、农业政策、农业旅游、乡村发展、农业民俗以及民族学与人类学等领域专家在内的研究队伍；通过技术指导、示范带动等多种途径，有效保护了遗产地农业生物多样性与传统文化，促进了农业与农村的可持续发展，提高了农户的文化自觉性和自豪感，改善了农村生态环境，带动了休闲农业与乡村旅游的发展，提高了农民收入与农村经济发展水平，产生了良好的生态效益、社会效益和经济效益。

习近平总书记指出，农耕文化是我国农业的宝贵财富，是中华文化的重要组成部分，不仅不能丢，而且要不断发扬光大。农村是我国传统文明的发源地，乡土文化的根不能断，农村不能成为荒芜的农村、留守的农村、记忆中的故园。这是对我国农业文化遗产重要性的高度概括，也为我国农业文化遗产的保护与发展指明了方向。

　　尽管中国在农业文化遗产保护与发展上已处于世界领先地位，但比较而言仍然属于"新生事物"，仍有很多人对农业文化遗产的价值和保护重要性缺乏认识，加强科普宣传仍然有很长的路要走。在农业部农产品加工局（乡镇企业局）的支持下，中国农业出版社组织、闵庆文研究员担任丛书主编的这套"中国重要农业文化遗产系列读本"，无疑是农业文化遗产保护宣传方面的一个有益尝试。每本书均由参与遗产申报的科研人员和地方管理人员共同完成，力图以朴实的语言、图文并茂的形式，全面介绍各农业文化遗产的系统特征与价值、传统知识与技术、生态文化与景观以及保护与发展等内容，并附以地方旅游景点、特色饮食、天气条件。可以说，这套书既是读者了解我国农业文化遗产宝贵财富的参考书，同时又是一套农业文化遗产地旅游的导游书。

　　我十分乐意向大家推荐这套丛书，也期望通过这套书的出版发行，使更多的人关注和参与到农业文化遗产的保护工作中来，为我国农业文化的传承与弘扬、农业的可持续发展、美丽乡村的建设作出贡献。

　　是为序。

李文华

中国工程院院士

联合国粮农组织全球重要农业文化遗产指导委员会主席

农业部全球/中国重要农业文化遗产专家委员会主任委员

中国农学会农业文化遗产分会主任委员

中国科学院地理科学与资源研究所自然与文化遗产研究中心主任

2015年6月30日

前言

我国云南省西南、澜沧江中下游地区是世界茶树的发源地，也是普洱茶的主要产区。千余年前的文字记载中已提及生活在这片土地上的各族人民对茶的采集和利用。此后，茶逐渐成为这一地区重要的农产品，并经过长期的发展形成了与之相关的丰富的技术体系和传统文化。

普洱素有"中国茶城""世界茶源""普洱茶都"之称。明中期以后，以普洱为中心，广通国内外的茶马古道逐步成型，普洱府成为普洱茶生产和贸易的集散地，也成为普洱茶文化的中心地带。而以当地晒青大叶种毛茶为原料制作的普洱茶因其核心集散地——普洱而闻名天下。今天，在北回归线两侧，澜沧江中下游地区，仍然有着数量众多的野生古茶树和规模巨大的栽培型古茶园。与之相伴的是古羌人、百濮、百越族系后裔的各民族人民。丰富宝贵的自然资源，和谐壮观的森林景观，智慧天成的知识技术与多姿多彩的民族文化一起构成了一个复杂而自成体系的农业文化系统，是宝贵的文化遗产。2012年，"普洱古茶园与茶文化系统"被联合国粮农组织列为全球重要农业文化遗产（GIAHS），2013年被农业部列为首批中国重要农业文化遗产（China-NIAHS）。

本书是中国农业出版社生活文教分社策划出版的"中国重要农业文化遗产系列读本"之一，旨在为广大读者打开一扇了解普洱古茶园和茶文化这一全球重要农业文化遗产的窗口，提高全社会对农业文化遗产及其价值的认识和保护意识。全书包括八个部分："引言"介绍了普洱古茶园和茶文化的概况；"山河与阳光的交汇"介绍了遗产系统名称的来源与构成；"人生草木间"从生产和生计的角度回顾了普洱茶农业的历史及其长期以来为人类提供的生计支持；"多彩的生命王国"围绕茶园中多样性的生物资源和茶园的生态价值阐述古茶园系统带给人类的福祉;"真与美的代言"介绍了与普洱古茶园与茶文化系统相关的文学与艺术形式;"土地和手掌的温度"介绍了茶园管理与普洱茶制作的相关技术;"从远古走向明天"概述了普洱古茶园保护与发展中面临的问题、机遇与对策;"附录"部分提供了遗产地旅游资讯、遗产保护大事记以及全球/中国重要农业文化遗产名录。

　　本书是在普洱古茶园与茶文化系统农业文化遗产申报文本的基础上,通过进一步调研编写完成的,是集体智慧的结晶。全书由闵庆文、袁正设计框架,由闵庆文、袁正、杨卫东、岩甾、何露统稿。本书编写过程中,得到了李文华院士的具体指导及普洱市有关部门和领导的大力支持,在此一并表示感谢!

　　限于水平,本书难免存在不当甚至谬误之处,敬请读者批评指正。

编　者

2015年7月12日

目　录

在中国西南，澜沧江从青藏高原上奔涌而下，冲撞穿行过横断山脉险峻的峡谷，蜿蜒划开无量山与怒山山系，与北回归线交汇于滇西南的丘陵盆地。在云南省境内12.5万平方千米的流域面积内，澜沧江滋养了一千余万各族人口。这条被意大利作家保罗·诺瓦雷西奥（Paolo Novaresio）称为"永恒的诱惑"（Temptations of eternity）的河流两岸，处处充斥着古老东方的神秘和浪漫。

青藏高原的隆起为中国在北回归线上创造了一片绿洲。在它的东缘，澜沧江所流经的中国西南山区是全球生物多样性热点地区之一，拥有大量的特有动植物物种，可能是世界上温带区域植物物种最丰富的地区。以这一地区为核心的北纬20°至30°之间，在全球1%面积的土地上，孕育着12 000多种高等植物，另外还有全球已发现鸟类和陆生哺乳动物50%以上的种类，包括野生稻、原鸡和野生茶树在内的一些重要农业物种的野生品种，在这一区域都有分布。

伴随着丰富生物多样性的是民族与文化的多样。早在新石器时代，澜沧江流域就出现了一定规模的人类活动。之后的千万年里，不同的族群陆续迁徙而来，这一区域成为众多族群喜爱的定居之地。自大理功果桥以下，澜沧江仿若一道屏障，阻隔了族群的迁徙。沿江南下的氐羌后裔的彝族、白族、纳西族、拉祜族等定居于河流东岸；而从西部迁移而来的百濮族群后裔德昂族、佤族、布朗族等则与其隔江相望；从东部迁移过来的百越族群后裔壮族、傣族、水族等和从长江中下游逐步迁移而来的苗族和瑶族聚集于河流下游的普洱和西双版纳。多个民族酝酿出多彩的文化，使这一地区成为中国族群及其文化多样性最为丰富和密集的区域。

在这澜沧江畔众多的生物中，最为重要也最有特色的物种便是茶。有化石为

证，早在3 540万年前，茶树的始祖宽叶木兰就已在这片土地上生长，是这片区域中最为古老的"居民"之一。之后的漫漫岁月中，在莽莽群山里，茶属植物居群陪伴这片土地走过了无数春夏。

中国是世界上最早发现茶树、栽培茶树和利用茶叶的国家。云南是世界上野生茶树群落和古茶园保存面积最大、古茶树和野生茶树保存数量最多的地方。而云南澜沧江中下游地区，是中国木兰属植物化石唯一分布区域。其独特的地理环境和生态环境孕育和保护了丰富的古茶树资源。隐匿山间，随风摇曳，2 700年树龄的镇沅千家寨野生型古茶树矗立在哀牢山的原始森林中，被认为是世界上目前已知的年龄最大的野生茶树。头顶白云，背靠青山，逾千年树龄的澜沧邦崴过渡型茶树壮硕生长，这是较云南大叶种和印度阿萨姆更为原始、起源更早的茶树，用事实修正了野生型向栽培型过渡类型茶树的历史。这些著名的"茶树长者"们与遍布于这一地区的野生茶树群落和古茶园一起，有力地证明了澜沧江中下游地区是世界茶树原产地，也是茶树驯化和规模化种植发源地。

中国人对茶的利用始于有文字记载之前，最初是作为药用和食用。《尔雅》中就对其有所记载：槚，苦荼；荈，苦菜（"槚、荼"都是早期见于典籍的茶的称谓）。茶作为饮品，始于商周。根据传说推测，西南边民可能是最早开始饮用茶的群体。此后，中国的茶与茶文化成于唐，盛于明清。茶与制茶工艺不断发展，形成了不揉捻的白茶、不发酵的绿茶、微发酵的黄茶、半发酵的青茶（乌龙茶）、全发酵的红茶和后发酵的黑茶等六大茶类。而中国南部广大的茶叶种植区域也被分为西南、华南、江南和江北四大茶区。茶不仅成为中国传统农业中的重要产品，也是中华文明的重要载体。

茶为国饮。在中国，茶是生活的必需，也是文化的调剂。俗语说，开门七件事，柴、米、油、盐、酱、醋、茶，道出了茶在国人日常生活中的地位——不似柴米般缺之不可，却如油、盐、酱、醋般失之无味。中国广阔的地域空间孕育出丰富的各色文化，茶也同样。生长于中国的茶树有14属397种，约占全球总品种的4/5；其中，山茶属茶组植物在中国有所分布的种类达全球总品种的94%。丰富的茶种配以不同的制茶工艺，制出名目繁多的茶；辅之不同的水和多样的器具，茶能焕发出成千上万种味道。

中国人能将传统的儒、释、道思想用茶表现，将茶道诠释成人道，上升为天道。士农工商，皆以茶为饮。人生百味，世间百态，都可从茶中品出。人们对茶而思，对茶而歌。端起茶杯，就走进禅的世界，就走进和的境界，走进天人合一的体悟中。《茶述》谓茶"其性精清，其味浩洁，其用涤烦，其功致和。参百品而不混，越众饮而独高。烹之鼎水，和以虎形。人人服之，永永不厌。得之则安，不得则病。"寥寥数语，道出中国茶的文化与境界。

由于地理和文化上的阻隔，西南少数民族的茶文化一直孤悬于唐诗宋词的绚丽与磅礴之外。然而，在深山与大河的哺育下，茶与澜沧江流域众多民族共生共荣。它以叶子的百般形态诠释人与自然的关系，在中国茶文化的大背景下衍生出一处处瑰丽独特的文化风姿。

普洱茶属于黑茶，黑茶易储存、运输，是古代中国出口茶叶的主体。清以后，普洱茶进入宫廷，改变了贵族饮茶以绿茶为主的习惯，从而迅速风靡京城。公元9~13世纪，茶开始向全球扩散。它与丝绸和陶瓷一起，作为古代中国的国际符号，见证了中华民族的繁荣兴盛。普洱是茶马古道的起点，是古代中国最为重要的茶叶集散地。然而，十九世纪中期以后，中国茶在全球的市场份额逐渐被印度茶和斯里兰卡茶取代。光绪二十六年（1900年），八国联军进入北京，伴随圆明园坍塌的，还有欧洲和美国的茶市场中，中国茶的惨淡谢幕。直到20世纪中后期，中国茶在国际舞台上才逐渐恢复元气。但中国茶叶的出口份额与其创造的价值，与产茶大国的地位仍不相符。现在，中国茶叶年出口量约30万吨，不足全国茶叶产量的1/4，仅居全球第三。茗茶品牌和国际话语权重建之路仍任重而道远。

茶和茶文化向西方传播，养成了西方人下午茶的传统，丰富了西方诸国饮食，也带来了世界饮料的变革。英国剑桥大学社会人类学教授、英国学术院院士、欧洲研究院院士艾伦·麦克法兰（Alan Macfarlane）如此评价东方的茶："茶叶对于英国绅士的养成至关重要，甚至整体性地改变了英国人的民族性格。学习饮茶之后，英国人的性格变得温和，慢慢养成了文质彬彬的君子之风。"如今，

茶已作为世界三大无酒精饮料之一，全球年消费量已经超过300万吨。

从远古传承而来，澜沧江中下游地区成为中国历史最悠久的茶叶种植区域，是茶树种质资源的天然宝库，也是当代中国重要的茶叶产区。这一区域最为出名的，当属"普洱"。

普洱，先是地名，后为茶名。今天，我们说起普洱，能为人津津乐道的更多的是那端在手中的香茗。而其实，在一杯茶，一片叶子的背后，还有许多我们未曾知道的故事，那些来自远古的记忆，那些生长在澜沧江孕育的土地上的浪漫与忧愁。

普洱茶，作为生活在澜沧江流域众多少数民族的主要生计来源，它所代表的是一个宏大的农业生态系统和传承良好的农耕文化体系。2012年，云南普洱古茶园与茶文化系统入选全球重要农业文化遗产（GIAHS），2013年又被列为首批中国重要农业文化遗产（China-NIAHS），将古茶园再次带入全球视野。专家认为，普洱古茶园与茶文化系统包含完整的古木兰和茶树的垂直演化过程，证明了普洱市是世界茶树的起源地之一：野生古茶树居群、过渡型古茶树和栽培型古茶园以及改造后的生态茶园，形成了茶树利用的演进体系；具有多样的农业物种栽培，农业生物多样性及相关生物多样性；涵盖了布朗族、傣族、哈尼族等少数民族茶树栽培、利用方式与传统文化体系，具有良好的文化多样性与传承性；是茶马古道的起点，也是普洱茶文化传播的中心节点。该系统不但为我国作为茶树原产地、茶树驯化和规模化种植发源地提供了有力证据，是未来茶叶产业发展的重要种植资源库，还保存了与当地生态环境相适应的民族茶文化多样性，具有重要的保护价值。普洱茶承载着厚重的历史和众多民族殷切的希望，从远古走来，在这片澜沧江孕育的土地上袅袅飘香。

山河与阳光的交汇

在我国西南边陲，北回归线与澜沧江交汇于一座安谧而美丽的城市——普洱。说起普洱，我们首先想到的是闻名中外的普洱茶。以云南大叶种茶为主要原料的普洱茶，生长和种植在澜沧江中下游的普洱市及周边地区。有证据表明，在3 000万年前的渐新世时（渐新世是地质时代中古近纪的最后一个主要分期，约在公元前3 400万年至公元前2 300万年间），茶树的亲缘始祖就生长在这片土地上。这里有茶树的完整垂直演化体系，为澜沧江中下游是世界茶树起源地提供了佐证。今天，各种类型的茶园在普洱市星罗棋布，诉说着这片土地上的自然与人文的历史。

茶林里长出的城市——普洱（李晓文/摄）

注：除标注外，图片均为普洱市农业局提供。

（一）普洱：地以茶闻　茶以地名

说起普洱茶，更多人想到的是饼状的紧压茶，比起超市茶庄中林林总总的装在罐子里的散茶，它总显得别具一格。其实，认真说起来，普洱茶是一个广泛的多层次的概念。它的名字来源于地名——普洱府。然而，在普洱府存在之前，这片土地就已默默的孕育茶树数千年。

澜沧江中下游自古以来就是我国重要的茶叶产地。明清以来，普洱成为这一地区茶叶贸易的集散地。清代《普洱府志》中载录《大清一统志》对此地的描述："民皆僰夷，性朴风淳，蛮民杂居，以茶为市。"说明在清初时，普洱府就是多种少数民族杂居之地，民风淳朴，茶叶贸易兴盛。周边茶山所产茶叶大都送至普洱府经加工精制后，运销国内外，人们称这一地区所产茶为普洱茶。

从现存记载来看，这一地区茶的利用和栽培可以追溯到唐朝以前。唐代樊绰编撰的《蛮书》中提到"茶出银生城界诸山"（普洱古属银生府），据此推算，这里茶树种植的历史至少有1 100年。明代李时珍《本草纲目》中更为明确地记述了"普洱茶出云南普洱"，而此时的普洱还是对整个澜沧江下游普洱茶区的泛称。

说起普洱的来历，我们还要从一座山讲起。"普洱"为哈尼语，意为"有水湾的寨子"，作为地名最初指普洱山（位于今普洱市宁洱县）间的一个寨子，后慢慢扩大范围。元朝

普洱八大茶山（邓斌/提供）

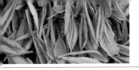

景迈茶山（杨克林/摄）

时，"普洱"一名正式写入历史，作为银生城属地存在于典籍之中。明朝时，由于茶市的兴盛，当地人口与经济迅速发展，普洱城正式形成。清雍正年间（1729年）始设普洱府，辖区范围包含了今日普洱市和西双版纳州。新中国成立后，普洱市名与其辖界也发生了数次变化。直至1973年，西双版纳州从思茅地区分设，普洱市辖界基本确定。2003年，国务院批准设立思茅市。2007年，思茅市改名普洱市。历经千余年，这个以地为名的古茶种不断发展，流传至今，终于成就了普洱的荣耀。今天，位于茶区中心的普洱市作为澜沧江中下游茶文化中心，被称为"世界茶源"。

普洱茶的原料，是产于这一区域的云南大叶种茶。迄今为止，世界上已发现茶组植物中，生长和栽培在云南的占已发现茶种总数的80%，以大叶种为主。云南的茶树几乎全省都有分布，但分布最为集中的区域在云南西南的澜沧江中下游地区。这些不同品种的茶树所产的青叶，在经过加工之后，可以做成不同种类的茶。

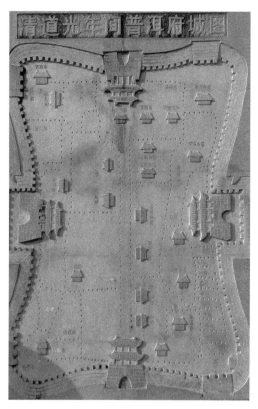

清道光年间普洱古城图（袁正/摄）

老思茅（朱云飞/提供）

《《普洱茶的茶树品种》》

按张宏达分类系统，到1990年为止，全球已经发现的茶组植物有44个种、3个变种，中国分布43个种、3个变种，而云南就有35个种、3个变种，其中26个种、2个变种为云南特有种。这些茶种在澜沧江中下游地区有着集中的分布。

澜沧江中下游现有的主要茶树种

种或变种名	类型	分布地区
大理茶种 *C.taliensis*	野生茶	普洱、保山、临沧
滇缅茶种 *C.irrawadiensis*	野生茶	普洱、西双版纳、保山、临沧
厚轴茶种 *C.crassicolumna*	野生茶	普洱
普洱茶种 *C.assamica*	栽培茶	普洱、西双版纳、保山、临沧
茶种 *C.sinensis*	栽培茶	普洱、西双版纳、保山、临沧
勐腊茶种 *C.manglaensis*	栽培茶	西双版纳、保山、临沧
大苞茶种 *C.grandibracteata*	野生茶	临沧
细萼茶种 *C.parvisepala*	栽培茶	临沧
多萼茶种 *C.multisepala*	栽培茶	西双版纳
苦茶变种 *C.assamica var. Kucha*	栽培茶	西双版纳
邦崴大茶树 *Camelliasp.*	过渡型	普洱

历史上，这些茶在普洱集散，流向国内外，人们习惯上将它们统称为"普洱茶"。明朝后期，普洱茶占据云南市场。清乾隆六十年（1795年）普洱茶成为贡茶，改变了清宫廷的饮茶偏好，并迅速风靡京城。普洱府也随着茶的传播闻名于世。

当时，受到交通条件的限制，茶往往是通过马帮运输。为将莽莽深山之中所产的茶运到千里万里之遥的地方，人们把采下的青叶杀青后揉捻，晒干或烘干，再软化并最终紧压成块状、碗臼状或饼状，以方便运输。遥远的路途注定了茶叶在售出前经历长时间的储存和再发酵，而运输中所经历的自然条件也为这种后发酵提供了助益。因而，古人喝到的普洱茶，色重而味酽，这也为后来的普洱茶贴上了印象标签。

现在，我们所谈的普洱茶与茶文化系统是指在以普洱市为代表的普洱茶产区内，以茶园、茶农和茶文化为基础的整体，是基于重要农业文化遗产概念范畴的更为宽泛的农业文化系统。让我们从生长在澜沧江中下游的古茶树和古茶园出发，慢慢探寻它的曼妙。

茶饼（刘标/摄）

茶产品与周边文化产品（邓斌/提供）

（二）茶源：宽叶木兰化石与茶属的起源

中国是茶叶的故乡，茶树原产于中国西南、云南高原这一事实已被众多专家学者公认。在喜马拉雅造山运动（2 500万年前）之前，云南高原处在古特提斯洋北岸，气候温暖，是高等植物起源地（1亿年前被子植物出现）。在喜马拉雅造山运动之后，已经存在的山茶属茶亚属茶组植物，从高原沿东、南、西南扇形河流自然传播，向东沿金沙江传到中国东南沿海，变成中、小叶茶；向南、东南沿红河、李仙江、澜沧江、怒江、迈立开江、恩梅开江、雅鲁藏布江自然传播到中南半岛（旧称印度支那半岛）和南亚诸国；之后，茶叶农艺出现，茶借助人力传到日本、前苏联、印度尼西亚、非洲、欧美等地，成为全球性的经济作物。

1978年，以宽叶木兰（新种）为主体的景谷植物群化石被中国科学院植物研究所和南京地质古生物研究所发现。古木兰是被子植物之源，是山茶目、山茶科茶属及茶种垂直演化的始祖，距今约有3 540万年。景谷是中国乃至全世界唯一有第三纪宽叶木兰（新种）和中华木兰化石出土的区域，为我们探寻茶树的起源地标注了方向。

由于云南典型的立体气候特点，在不同的海拔、不同的地理环境条件，发育

距今3540万年前的景谷宽叶木兰（新种）化石（邓斌/提供）

茶叶标本（袁正/摄）

着不同种类的植被。从植被区系看，云南位于植物种类丰富的中国—喜马拉雅植物区系、中国—日本植物区系和古热带印度—马来西亚植物区系的交汇处，加上山脉和河流南北走向的作用，形成南方植物沿河流北上，北方寒温性植物顺山脉南下，东西湿润性植物由金沙江和云贵高原而入自然扩散。于是，各种不同区系的植物汇聚云南，并在各种适生条件下得到自然保存、繁衍和发展，使云南成为天然植物王国。这种独特的地理环境和生态环境，也孕育了丰富的茶树品种资源。

神奇的自然给了我们无数惊喜。在澜沧江与北回归线交汇之处，茶在这里安静地繁衍，茶是自远古而来的自然恩赐。在云南，不同种类的茶或沿着山脉、河流走向呈带状分布，呈跳跃式分布，或隔离分布，或呈局部或零星分布，而其中茶（*C. sinensis*）、普洱茶（*C. assamica*）、大理茶（*C. taliensis*）、滇缅茶（*C. irrawadiensis*）分布最广，与其他茶种多层次交错。然而，这些多样性的茶树物种却围绕着宽叶木兰化石的发现地，在澜沧江中下游地区连片集中分布；并沿着北回归线自西向东延伸，横跨北回归线南北方向分布逐渐减少。

茶组植物在云南的4个茶系35个种3个变种中，有4个茶系28个种2个变种以野生型或栽培型的状态集中分布在东经97° 51′（瑞丽）到105° 36′（广南），北纬21° 08′（勐腊）到25° 58′（大理）这一区域。

从渐新世走来，高大的乔木型古茶树屹立在横断山、哀牢山、无量山的莽莽丛林中，它们好像一块块拼图，拼起了茶树垂直演化的脉络，不断出现的证据向我们证明，以普洱为中心的澜沧江中下游地区是茶树的起源地，是茶的源头。

（三）茶园：天地之灵　孕育普洱

　　汇集天地灵气，云贵高原西南边缘，横断山脉南段的特殊地理和生态环境，为茶树的生长提供了有利的条件。普洱境内，哀牢山、无量山及怒山余脉三大山脉由北向南纵贯全境。群山之间，澜沧江、李仙江、南卡江北向南纵贯全境。河谷的发育和水系的分布与横断山脉南部诸山骈列，形成"帚"形地貌，群山起伏，沟壑纵横，由北向南倾斜、迭降。

　　山与江的结合，为印度洋和太平洋两股暖湿气流北上提供了有利条件，使普洱成为云贵高原唯一的海洋性气候区——气候宜人，冬暖夏凉，四季如春。普洱古茶园与茶文化系统正是在这种气候和地理环境下孕育而成并繁衍至今。它珍贵的价值为世人关注，2012年，联合国粮食及农业组织（简称联合国粮农组织、

FAO）将其列入全球重要农业文化遗产（Globally Important Agricultural Heritage Systems，GIAHS），作为保护区核心的景迈山景迈芒景古茶园，正是这一生态系统的缩影。

在景迈山苍郁的古茶园中，亚热带季风带来丰沛的降水，空气清澈湿润。山间常年雾气缭绕，如梦似幻。古茶林所在山脉为西北—东南走向，野生茶树群落生长在海拔1 600~2 500米的山间，万亩*连片，蔚为壮观。除茶树外，南亚热带常绿阔叶林、热带雨林、季雨林和思茅松也广布于区内。山间土壤以红壤和黄棕壤为主，呈垂直带状分布。这些土地虽不宜农耕，却恰恰是茶树生长的沃土，养育了依赖于山，依赖于茶林的各族儿女。

---

*1亩 ≈ 667平方米。

普洱的气候特征

温暖湿润的气候使普洱"万紫千红花不谢，冬暖夏凉四时春"，享有"天然氧吧"的美誉，是名副其实的"春城"，最宜人居的地方之一。普洱年均日照2 000小时左右，年均气温15.3~20.2℃，年均降雨量1 600毫米左右，年均相对湿度79%，年无霜期在315天以上；最冷的天气在1月，平均气温11.7℃；最热的天气在6月，平均气温21.9℃；冬夏相差10.2℃。一年四季都是旅游的好季节。

我们先从古茶树和它们的群落说起。云南澜沧江流域分布的古茶树包括野生型、过渡型和栽培型三种类型。也就是说，古茶树不仅是分布于天然林中的野生古茶树及其群落，还有半驯化的野生茶树和人工栽培的百年以上的古茶园（林）。野生型古茶树以普洱市镇沅千家寨野生茶树居群为代表，野生型向栽培型过渡类型的古茶树以澜沧邦崴过渡型大茶树为代表，而栽培型古茶树则广泛分布在澜沧江中下游的古茶园中。

野生古茶树居群（袁正/摄）

≪≪云南省和澜沧江古茶树资源分布≫≫

　　古茶资源包括野生古茶树、野生古茶树群落、过渡型古茶树、栽培型古茶树及古茶园。云南省古茶树资源类型完整丰富，且大部分集中在无量山、哀牢山以及澜沧江中下游。

云南省古茶树资源主要分布地区

类型	分布地区
古茶树资源	镇沅、勐海、景谷、景东、宁洱、澜沧、龙陵、昌宁、腾冲、临沧、云县、双江、镇康、凤庆、永德、沧源、金平、南涧
野生古茶树	景东、镇沅、宁洱、澜沧、西盟、永德、勐海、保山
栽培型古茶树	镇沅、宁洱、景谷、双江、凤庆、云县、勐海、腾冲
古茶园	景谷、景东、镇沅、墨江、澜沧
古茶树群落	哀牢山、勐库大雪山、千家寨、无量山、南糯山、佛海茶山、巴达山、布朗山、景迈山、白莺山、勐宋山、南峤山

　　普洱市的古茶树种植面积在澜沧江中下游茶区最大，所产普洱茶的代表是景迈大叶茶。景迈大叶茶原产于云南省澜沧县惠民乡景迈村、芒景村，是当地主要的栽培品种。

云南省澜沧江流域古茶树资源各州（市）分布现状

州（市）	面积/公顷	海拔/米	类型	种质资源数量
普洱	90 220	1 450~2 600	野生茶树和栽培型古茶园	2个茶系，4个茶种
西双版纳	8 700	760~2 060	人工栽培古茶园为主	3个茶系，7个种和变种
临沧	17 034	1 050~2 750	野生茶树为主	4个茶系，7个茶种
保山	4 000	1 200~2 400	野生茶树和栽培型古茶园	3个茶系，5个茶种

续表

州（市）	面积/公顷	海拔/米	类型	种质资源数量
大理	上百株	2 300~2 450	过渡型古茶树群	不详
怒江	无			
迪庆	无			

❶ 野生型古茶树与古茶树居群

　　野生型古茶树是证明茶树起源区域的有力证据。在普洱，已经发现的野生型古茶树时间早、分布广、数量多、树体大、性状明显异于栽培型茶树。它们分布在海拔较高的原始森林之中，树形高大。居住在普洱的各个民族大多认为是自己的祖先发现了茶。在哈尼族、彝族、拉祜族、佤族、布朗族等民族中，有许多神话传说讲述自己的祖先是如何发现了茶，或说发现茶的"神农"是自己民族的祖先。这些神话传说反映了人们对茶树的依赖，也体现了这些民族对美好生活的向往。

千家寨野生茶树群落生长环境（袁正/摄）

江城大尖山居群（邓斌/提供）

《《哈尼族茶树王的传说》》

　　关于野生大茶树，在宁洱县勐先乡、黎明乡一代的哈尼族中有一个动人的传说——阿公阿祖（当地人对其先人的称谓）还在世的时候，这个地方有个老实的孤儿，给老爷家放牛。有一天，老爷给了孤儿三头公牛、两头母牛、一斗霉米、一口锅和一条烂毯子，说："娃娃，你上小板山放牛去。那里水清草嫩，有数不清吃不尽的各种各样的山果。牛会下儿，下到第一百头的时候你就下山，我指块地给你盖房子，安个家。唉，可怜！"

　　孤儿点点头，赶着五头黄牛上了小板山的老林里。霉米吃完了，就找野菜、摘山果充饥，白天和牛一起在林中的草地上过，晚上挨着牛在山洞里歇。虫蛇猛兽像是可怜他，倒也不来找他的麻烦。有一天孤儿找果子，顺着山往上爬，砍开刺条，扒开藤萝，左弯右拐找路走，上到了云封雾锁的巅峰。他累了，坐在一块石头上歇气。忽然，一朵白云缓缓向他飘来，白云拥着一个嫩生生、粉嘟嘟、好看得不得了的仙女。仙女朝他笑了笑，说："老实人，你吃了好多好多苦，我想叫你的日子好过些。"说着挥动手中的蒲扇扇了三下，山巅的云雾滚滚卷卷地散开，嘿，露出一棵好高好高、好粗好粗的茶树。仙女说："这是茶树王，你摘下它的芽芽泡水喝，采下它的嫩叶做饭吃。"孤儿还在愣愣地看着大茶树，仙女已经驾着白云飞上了天。

孤儿照着仙女的话做，也不知过了多少日子，多少年月，牛一天天的增多，他也长成了汉子，又变成了老头。有一天，他数了数牛的数量，数过了一百还有好多好多。他想："可以下山回寨子去了。"只是实在舍不得茶树王，再说又不忍心让那些每日与自己为伴的牛被老爷宰杀。想了想，他便只摘了好些嫩茶叶给寨子里兄弟姐妹们尝尝。

走了好几天，回到了寨子。寨中人见了一个白头发白胡子拖到腰间，裹着棕衣的老人，都很吃惊，已经没有人认识他了。他把这辈子在山上吃茶叶放牛的事说了，一些老人才记了起来，都落了泪。

寨子里的后生喝了茶树王的芽泡的茶，感到又香又醇又甜，缠着要他带着去看看茶树王。白发老人也想念茶树王，就带着那伙后生走了几天，上到小板山的山顶。嗬，好一棵大树，仰头才看得见顶梢，粗的五个人拉手才能合围起来，叶子绿茵茵的，满树芽头，嫩生生的，树干上趴满了树花、菟丝和挂兰。后生们高兴得又叫又笑，忽然，一团白云涌来，山上起了大雾。等到雾散云开，一看，茶树王不见了，满山满谷都长出了茶树。

从此，后人们就采茶种茶，靠茶叶过上幸福的日子。

（节选自《普洱茶源》，张孙民主编）

　　据统计，普洱市境内野生古茶树群落共约5 000公顷，分布在9个县区40余处，均在无量山、哀牢山和澜沧江、李仙江两岸的原始森林中。其中比较著名的野生古茶树群落有镇沅千家寨古茶树群落、景东花山古茶树群落、景谷大尖山野生古茶树群落、宁洱困鹿山古茶树群落、澜沧帕令黑山野生古茶树群落、孟连腊福黑山野生古茶树群落、墨江苍蒲塘野生古茶树群落、江城瑶人大山野生古茶树群落和西盟佛殿山野生古茶树群落等。在每一处野生古茶树群落里，都有著名的野生大茶树，它们或因树龄高，或因姿态奇而牵动着人们的情感。

困鹿山野生古茶树（邓斌/提供）

⟪⟪普洱市野生茶树居群及分布⟫⟫

　　野生茶树居群指自然繁衍的茶树相对集中在某一特定地域，占据特定的空间，在林相构成中形成一定的群居优势，由组成单位起功能作用。野生型古茶树及野生型古茶树居群主要分布在无量山、哀牢山以及澜沧江中下游地区两岸，海拔1 830~2 600米之间的山间。据不完全统计，普洱市野生型古茶树居群主要有19处，多长在原始森林之中。茶树树型为高大乔木，树高4.35~45米，基部干茎在0.3~1.43米，树龄550~2 700年。从芽叶来看，芽梢色泽为绿色或红绿色（绿芽和紫芽）。

普洱市野生茶树居群分布

居群名	面积/公顷	相关乡镇
无量山居群	16 534	景东县的锦屏、文龙、安定、漫湾、林街、景福、大朝山东镇等乡（镇）以及镇沅县的勐大镇白水村后山
哀牢山居群	8 164	景东县的花山、大街、太忠、龙街乡，镇沅县的九甲、者东、和平乡（镇）
镇沅无量山支系居群	6 657	镇沅县的恩乐、勐大、按板、田坝乡（镇）
牛角尖山居群	1 727	墨江县联珠镇
羊神庙大山居群	800	墨江县鱼塘乡、通关镇
芦山居群	473	墨江县雅邑乡芦山村阿八丫口、大鱼塘箐、山星街边
苏家山曼竜山居群	967	景谷县益智、正兴、威远三乡（镇）
宁洱、景谷无量山支系居群	8 087	宁洱县的德安乡、把边乡、磨黑镇以及宁洱镇后山与景谷县正兴乡
板山居群	775	宁洱县的普义、勐先乡
大石房后山居群	788	宁洱县的黎明乡和江城县康平乡
大尖山居群	625	江城县曲水乡
帕岭、马打死、大空树、蚌潭居群	4 488	澜沧县酒井、勐朗、发展河、糯扎渡乡的帕岭黑山、马打死梁子、大空树大山、蚌潭后山

续表

居群名	面积/公顷	相关乡镇
大黑山居群	2 103	澜沧县竹塘乡
龙潭居群	5 705	西盟县力所乡、勐梭镇
翁嘎科居群	2 652	西盟县翁嘎科乡
佛殿山城子水库居群	2 144	西盟县老县城至缅甸交界处
拉斯陇居群	1 370	西盟县新厂、中课乡
野牛山居群	1 028	西盟县力所乡
腊福大黑山居群	5 444	孟连县勐马镇

树龄2700年的镇沅县千家寨野生古茶树
（杨志坚/摄）

这些古树中，不得不说的是镇沅千家寨野生茶树王。镇沅千家寨野生古茶树群落地处北纬24°7′，东经101°14′，海拔2 100~2 500米的高度范围内。在哀牢山自然保护区这一我国面积最大、植被最完整的中亚热带中山湿性阔叶林中，野生古茶树是其中的优势树种。它们均为乔木型，多属大理茶种。此外，在这个群落中，有第三纪遗传演化而来的亲缘、近缘植物，如壳斗科、木兰科、山茶科等植物群。而古茶树作为国家二级保护植物，分布在千家寨范围内的上坝、古炮台、大空树、大吊水头、小吊水和大明山等处。九甲乡和平村的群众很早就知道千家寨有野生茶树生长，每年都有村民进山采摘茶叶自饮或出售。但直到1983年，2号野生古茶树被发现后，外界才开始关注这片原始茶林。1991年，村民采茶时发现了1号野生古茶树，后经专家推定，这棵古老的茶树树龄约2 700年，是世界上现存最为古老的野生古茶树；2号古茶树树龄2 500年左右。千家寨野生茶树群落是世界上现存最为古老的大面积野生茶树群落。这一发现随后受到国内外专家的广泛认可。镇沅千家寨九甲1号古茶树作为茶树中的活化石，有力地证明了中国云南是茶树原产地，云南澜沧江中下游是世界茶树原产地的中心地带。

镇沅千家寨最大古茶树证书
（邓斌/提供）

《《《普洱著名野生古茶树的生物学特征》》》

1号大茶树： 生长在镇沅县千家寨龙潭，海拔2 450米。乔木型，树姿直立，树高18.5米，树幅16.35米，基部干径143.5厘米，最低分枝高10米，叶水平状着生。叶长15.1厘米，叶宽4.5厘米，叶长椭圆形，叶面微隆起，叶质软。芽叶无茸毛，芽色淡绿。含茶多酚22.27%、儿茶素总量5.46%、氨基酸1.42%、咖啡碱3.58%。

2号大茶树： 生长在景谷县困庄大地，海拔2 410米。乔木型，树姿直立，树高20.0米，树幅11.5米，基部干径87.9厘米，最低分枝高2.0米，叶上斜状着生。叶长16.9厘米，叶宽7厘米，叶椭圆形，叶面微隆起，叶质厚软。芽叶无茸毛，芽为黄绿色。含茶多酚28.53%、儿茶素总量7.58%、氨基酸2.45%、咖啡碱3.17%。

3号大茶树：生长于景谷县大黑龙塘，海拔1 970米。乔木型，树姿半开展，树高4.35米，树幅4.25米，基部干径31.8厘米，最低分枝高2.1米，叶下垂状着生；叶长15.6厘米，叶宽6.2厘米，叶椭圆形，叶面微隆起；芽叶绿色；含茶多酚36.11%、儿茶素总量5.79%、氨基酸2.23%、咖啡碱3.24%。

4号大茶树：生长于景东县石大门，海拔2 253米。乔木型，树姿直立，基部干径83.4厘米。叶长15.1厘米，叶宽6.8厘米，叶椭圆形，叶面微隆起，叶质硬脆。芽叶无茸毛，色泽黄绿。含茶多酚28.48%、儿茶素总量7.9%、氨基酸3.19%、咖啡碱2.98%。

5号大茶树：生长于澜沧县帕令黑山，海拔2 190米。乔木型，树姿直立，树高26.5米，树幅9.05米，基部干径60厘米，最低分枝高10.1米，叶水平状着生。叶长15.6厘米，叶宽7.8厘米，叶长椭圆形，叶面平，叶质软。芽红绿色。含茶多酚22.21%、儿茶素总量5.86%、氨基酸2.07%、咖啡碱2.19%。

（节选自《走进茶树王国》，沈培平主编）

邦崴过渡型古茶树（刘标/摄）

❷ 过渡型古茶树

过渡型古茶树是人类驯化和利用茶树的历史见证，现在澜沧江中下游地区仍有树龄千年以上的过渡型古茶树存活，即澜沧邦崴过渡型大茶树。它生长在海拔1 900米的澜沧拉祜族自治县富东乡邦崴村新寨寨脚的斜坡园地里，属乔木型大茶树，树姿直立，分枝密。专家认为，澜沧邦崴大茶树既有野生大茶树花果种子的形态特征，又具有栽培性茶树芽叶枝梢的特点，是野生型与栽培型之间的过渡类型，属古茶树，可直接利用。澜沧邦崴过渡型古茶树树龄在千年以上，反映了茶树发源早期驯化利用同源。

澜沧邦崴过渡型古茶树的发现，直接为我们回答了茶树历史上重要的问题：是谁驯化了茶树和茶树栽培的历史究竟有多久，为中国茶史和世界茶史都补充了重要的一环。它对研究茶树的起源和进化、茶树原产地、茶树驯化生物学、茶树良种选育、农业遗产与农业史、少数民族社会文化方面具有重要的科学价值。

直到21世纪，这棵大茶树仍在为茶农提供生计保障。每到采茶季节，茶农们在大茶树周围架起支架，仍进行采摘。茶树周边，种着蚕豆、豌豆等作物，与当地的山川农庄融为一体。山风吹过，枝叶摇曳，像是历史和现在的默契交流。1997年4月8日，原中国国家邮电部（现国家邮政局）发行《茶》邮票一套，第一枚《茶树》就选用了这棵千年古茶树。

《《澜沧邦崴过渡型古茶树》》

1992年，云南省茶叶学会、思茅地区行署、云南省农业科学院茶叶研究所共同组织专家针对澜沧邦崴大茶树召开考证论证会，得出以下结论：

① 乔木树型，树姿直立，分枝密；树高11.8米，树幅8.2米×9.0米，根颈处干径114.0厘米，最低分枝高0.70米，一级分枝3个，二级分枝13个。

② 叶片平均长13.3厘米，叶宽5.3厘米，叶长椭圆形，叶尖渐尖，叶面微隆起，有光泽，叶缘微波，叶身平或稍内折，叶质厚软，叶齿细浅，叶脉7~12对，叶背、主脉、叶柄多毛。

③ 鳞片、芽叶、嫩梢多毛。芽叶黄绿色，节间长3.7厘米。

④ 花冠较大，平均花冠大小4.6厘米×4.3厘米，花瓣10（9~12）枚，花瓣有微毛，花瓣平均大小为2.3厘米×1.5厘米，雌蕊高于雄蕊，花丝平均173枚，柱头多为4~5裂，花柱平均长1.34厘米，子房多毛；萼片5个，平均大小4.3厘米×4.3厘米，绿色，外无毛，边缘有睫毛，内有毛；花梗平均长1.34厘米，苞痕2~3个；

果径2.5~2.8厘米，果扁圆形或肾形，果皮绿色有微毛，外种皮上除有胚痕外，还有一下陷的圆痕。

⑤抗逆性强，现场只发现少量斑毒蛾和茶籽象甲。未见有冻害和旱害发生。

⑥当地群众长年采制红、绿茶，品质良好。经对绿茶春茶样品尝，滋味鲜浓。

综合树型、叶片和花果形态，邦崴大茶树既有野生型大茶树的花果种子形态特征，又具有栽培型茶树的芽叶、枝梢特征，初步认为，是野生型和栽培型间的过渡型，属古茶树，可直接利用。关于邦崴古茶树的树龄，多数专家估算为千年以上。

❸ 栽培型古茶树与古茶园

与其他作物一样，野生茶在被人类发现利用之后，人类就开始对物种进行驯化。经过长期的自然选择和人工栽培，才逐渐形成今天丰富的栽培型茶叶品种。而普洱茶的制作原料，云南大叶种茶就是在人工选择中留下的优质茶叶品种，其中又以"普洱茶（*C. sinensis var. assamica*或*C. assamica*）"的栽培利用最为广泛，产量最好。

栽培型古茶树（邓斌/提供）

栽培型茶树茶叶标本（邓斌/提供）

经专家鉴定，云南大叶种茶种中，都不同程度的带有野生茶树的遗传特性，树相、叶性、芽状均与野生茶树极为相似，但花果比野生茶树小。普洱茶茶芽长而壮，白毫多；叶片大而质软，茎粗节间长，新梢生长期长，持嫩性好，发育旺盛。茶内含丰富的生物碱、茶多酚、维生素、氨基酸和芳香类物质。栽培型古茶树树型为直立乔木，高5.5~9.8米之间，树幅在2.7~8.2米之间，基部干径在0.3~1.4米之间，树龄在181~800年之间。普洱市共有森林茶园26个，面积达12 123公顷。

普洱市现存仍在利用的古茶园多以栽培型茶树为主。他们之中最年轻的茶树也已100多岁。历史最悠久的澜沧景迈芒景古茶园，始种植于傣历57年（696年），距今已经有1 300多年的历史。上万亩连片茶园在境内均有分布，总面积约1 095公顷，稀疏不均，为当地布朗族和傣族人所栽培。

《布朗族志》（邓斌/提供）　　　　　上树采茶（李安强/摄）

《茶见证着民族团结》

相传，最初景迈和芒景的茶园是布朗族人和傣族人分别种植的两片茶园。在历史发展的过程中，傣族和布朗族的先民在共同抗击外族入侵的战斗中结下了友谊。为了纪念这种友谊，让两族世代团结和睦地共同生活在这片土地。西双版纳土司把七公主南腊米嫁给了布朗族头人岩冷，共同管理茶山。经过世代不停的开垦种植，发展到万亩的规模，并将整个茶园由景迈、芒景、芒洪、翁基、翁洼等傣族和布朗族村寨连城一片。

在已经流传千年的布朗族传说故事《奔冈》中，记录着布朗族英雄岩冷与茶的故事。岩冷是一个传奇人物，是布朗族人心中的神。岩冷死于一次族人相争的阴谋，临死前，他说："我要给你们留下牛马，怕是遇到灾难会死掉；我要是给你们留下金银珠宝，也怕你们吃光用光；只有给你们留下茶树，才能让子孙后代取用不尽。"在芒景布朗族的《叫魂经》中，也留下了这样的话："岩冷是我们的祖先，我们的英雄，他给我们留下了竹棚和茶树，是我们生存的拐杖。"

一个英雄去了，但他留下了一个民族赖以生存的宝贵财富。至今，每年农历六月初七，布朗族村寨里还要举行一种叫"夺"的活动来祭茶和岩冷，时间长达数天，同时进行剽牛等隆重的仪式，地点就在芒景的岩冷山上。

在普洱，每一个古茶园都见证了村落的历史。这些古茶园呈区域性集中分布或零星分布于海拔1 500~2 300米的红壤、黄棕壤山区或农作区，主要位于普洱市景东县的花山、景福，澜沧县的景迈山，镇沅县的河头，景谷县的田坝、文山，宁洱县的困鹿山，墨江县的界牌、茶厂，孟连县的糯东等地。走进茶园，高大乔木和茶树一起遮蔽着下层的灌木、作物和草本植物，也为行走其中的人和动物提供阴凉。茶树上攀附着各种寄生植物，飞鸟和采蜜的蜜蜂在林中穿梭，一片自然和谐的情趣。

二

人生草木间

只 有明确地知道自己是怎样生下来的，是怎么长大的，要怎么回报养育自己的前辈，这样做人才会有意义的。

——芒景布朗族　苏国文

苏国文　芒景布朗族茶文化传人
（邓斌/提供）

芒景古寨（邓斌/提供）

（一）普洱茶：从农耕到产业

"茶之为饮，发乎神农氏"是陆羽在《茶经》中的论断，而中国各处都有"神农尝百草，日遇七十二毒，得荼而解之"的传说（《神农本草经》）。按照这一记载，在距今4 000多年前的某一天，神农以其大无畏的冒险精神发现了茶——这一如今已成为全球最重要经济作物之一的神奇植物。澜沧江中下游的拉祜族、布朗族、彝族、哈尼族、佤族等民族有许多类似的传说。如拉祜族人传说他们的

澜沧景迈山（饶绍刚/摄）

祖先在原始森林中采药时被毒蛇咬伤，奄奄一息之际，感觉到身边潮湿的老树正在一滴一滴地往下滴水。水滴打在他的伤口上，落到他因呻吟而张开的嘴里。没多久，毒蛇咬伤的伤口渐渐消肿，疼痛也渐渐减轻。他回忆起自己的经历时惊奇地发现是身边的大茶树救了他。此后，他常常到森林中把茶树的叶子采回食用，从此不再生病，身体康健，村里人生病时他还将这种叶子送给大家。此后，这棵大茶树被人们当作保护神而定期祭拜。德昂族更是直接将茶叶作为民族的祖先。他们在其创世神话史诗《达古达楞格莱标》中唱道，"茶叶是茶树的生命，茶叶是万物的阿祖。"这些神话、传说和故事是少数民族记录民族历史的主要方式，形象而生动地说明了各民族与茶密不可分的关系，也说明了人们对茶的利用始于对野生茶叶的采集。

《华阳国志·巴志》中记载：周武王伐纣，得巴蜀之师……其地东至鱼腹，西至僰道，北接汉中，南极黔涪，土植五谷，牲具六畜，桑蚕麻苎，鱼盐铜铁、丹漆茶蜜……皆纳贡之。证明早在3 000多年前的西周时期，巴国已利用茶叶，并且作为贡品进贡周王室。据此推测，至少在西周时，茶树已从云南原产地引种或自然传播到巴蜀之地了。

普洱茶的历史与中国茶的发展轨迹基本吻合，是茶的利用与茶文化发展历程的代表。对于茶传入中原地区的时间，顾炎武（1613—1682年）在《日知录》中

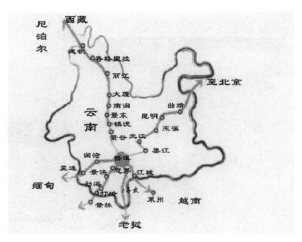

茶马古道示意图（刘标/提供）

茶马古道（邓斌/提供）

说："是知自秦人取蜀而后，始有茗饮之事"，也就是说在战国末期秦昭襄王灭蜀之后，茶才从西南传入中原。到魏晋南北朝时期茶树的种植已向东南地区传播，遍及淮河以南各地了。三国时期，诸葛亮率兵南征之时当地就已经开始饮茶。唐朝时，普洱茶已经进入贸易市场。清朝阮福《普洱茶记》中言：西番用普茶，已自唐时。普茶名重天下，京师尤重之。至宋代，已有茶马互市。元代时，茶叶已成为西南边疆地区重要的交易货品。到明代，已经到了"士庶所用，皆普茶也"；万历年间，普洱府已设官职专门管理茶叶交易。清代以来，普洱茶成为皇家贡品，国内外交易路线也已基本畅通，普洱府（包括今普洱和西双版纳地区）成为普洱茶生产和贸易的集散地，是茶马古道的起点，也成了普洱茶文化的中心地带。

千余年来，普洱各族茶农依靠种茶、制茶和卖茶维持生计。人们通过茶马古道将茶售出，换回生活所需的各种物资。可以说，茶是澜沧江中下游地区农业文化的核心，是众多少数民族最为主要的生计来源。

茶马古道驿站那柯里（高天明/摄）

普洱茶膏（朱云飞/摄）

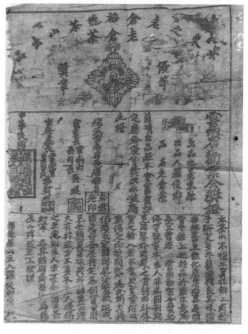

民国时普洱茶产品获奖证书（莫丽珍/提供）

《《银生之地——唐、宋、元时期的茶》》

云南高原早在先秦时代就有古滇国，在西汉时就有部分地区成为中原的行政区。诸葛亮南征"平定夷越"后，又对云南的行政区划作了调整。但崇山峻岭和高原深谷把云南与中原隔得远如天涯，同样也阻断了群山中散居的各民族的联系。一直到了唐南诏国时期，南诏国通过东征西讨，云南才形成了一个统一的整体，建立了八大行政区。银生节度是其中之一，其辖区已包括今天的普洱市、西双版纳州全境、临沧市的部分地区以及越南、缅甸、泰国北部等地，是唐时大理国滇西南的重镇。治所设在银生城，就是现在的景东县城（开南节度时设在景东县文井镇开南村）。

樊绰来到云南，从南诏都城太和城到了银生城，考察云南的历史地理和民族风俗，他徜徉在无量山哀牢山间、李仙江畔繁华的银生城里，走在繁茂的茶林里，看当地傣族、彝族和其他少数民族采茶、制茶、饮茶，记录下了一段几乎让人忘却的历史。

"茶出银生城界诸山，散收、无采造法"，点明当时云南茶叶的主要产区和少数民族采制茶叶方法简单、粗放。而在当时，中原一带茶事鼎沸，采茶、制茶已十分讲究。陆羽说：凡采茶在二月、三月、四月之间。茶之笋者，生烂石沃土，长四五寸，若薇蕨始抽，陵露采焉，茶之芽者，发于丛薄之上，有三枝、四枝、五枝者，选其中枝颖拔者采焉。其日有雨不采，晴有云不采……晴，采之，蒸之，捣之，拍之，焙之，穿之，封之，茶之干矣……饼茶的制作要经过采、蒸、捣、拍、焙、穿、封七道工序，可谓制作精良。相比之下，银生茶却"无采造法"，"蒙舍蛮以椒、姜、桂和烹而饮之"。"蒙舍蛮"是南诏少数民族的泛称，也是银生城的统治者，这种以椒、姜、桂一同烹煮的饮茶习俗和如今白族的"三道茶"相似，却与当时长安一带的饮茶风尚与这种饮茶方式却大相径庭。要先炙茶，然后碾茶罗茶，制成茶粉，才投入沸水中煎煮。水也有讲究："山水上，江水中，井水下"（《茶经》），煎饮十分繁复。至于放姜、葱、薄荷之类，陆羽认为不过是"沟渠间弃水耳"，是不堪一饮的。在银生城豪华的府邸里，当银生节度使传令婢女把一盏又香又麻又辣的醇茶倒进樊绰杯中时，这位尊贵的客人不知会作何感想？

银生城之所以成为了滇西南的政治经济文化中心，首先是取决于它的重要战略地位，银生往北可直通都城太和城，南可扼制西南诸夷，东西有无量山、哀牢山重山之险、三江之隔。

到了宋朝大理国后期，银生节度废置，但银生茶的影响却不衰减。南宋李石在《续博物志·卷七》中仍记述：茶出银生诸山，采无时，杂椒、姜、桂烹而饮之。李石的记录与樊绰惊人的相似。

元代李京在《云南志略·诸夷风俗》中说：金齿百夷……交易五日一集，以毡、布、茶、盐互相贸易。金齿百夷指的是滇西南傣族等少数民族的先民，元时景东军民府辖地也是傣族聚居区，宋元时期普洱一带的风土人情与唐时差异不大，茶叶生产仍然以银生（景东）为交易集散中心。时序更迭，岁月荏苒，历史舞台上不断更换着主角，唐标铁柱、宋挥玉斧、元跨革囊，唐宗宋祖和一代天骄成吉思汗都想南图霸业，直至元时才将云南行省划入版图，而云南茶却随着愈来愈深的马蹄印经年累月地输入藏区，并逐渐拓展形成新的纵横于茶区内外的茶马古道。

（节选自《走进茶树王国》，沈培平主编）

《《茶之路——茶马古道》》

茶马古道是亚洲大陆上以茶叶为纽带的古代交通网络，是世界上地势最高、形态最为复杂的古商道，具有重要的历史文化价值。茶马古道存在于中国西南地区，是以马为主要交通工具的民间国际商贸通道，是中国西南民族经济文化交流的走廊，是一个非常特殊的地域称谓。茶马古道兴盛于明清，它证明了茶在人们生活中的重要地位以及澜沧江中下游地区茶产业的兴盛。

从历史来看，茶马古道的形成与发展，极大地促进了普洱茶业的发展和普洱茶区商品交易的繁荣，使茶业成为普洱最重要的产业，在《大清一统志》中有以下记载："蛮民杂居，以茶为市"。旧《云南通志》中记载："人多顽蠢，地寡蓄藏，衣食仰给茶山"；旧《普洱府志》中记载："五方杂处，仰食茶山"；这些记载尽管角度不同，但是都说明了茶产业在普洱人社会生活中的地位。另一方面，茶马古道也极大地促进了普洱经济、社会、文化等方方面面的发展，成为普洱市发展前进的重要推动力量，后来更是为解放边疆，稳定边疆发挥了巨大作用。随着这条故道的延伸，我国西南地区还形成了特有的马帮文化，为我国中原文化—西南边疆民族文化—东南亚和南亚各国之间的文化交流提供了通道。

据史学家考证，普洱茶明清时已大批运往海内外，并形成了"普洱昆明官马大道""普洱大理西藏茶马大道"等6条保存完好的茶马古道，被称为"世界上地势最高的文明传播古道"。这里的人、茶叶、茶文化沿着茶马古道向国内外扩散，将普洱茶带出大山，推向世界。在普洱市辖区范围内，茶马古道主要由墨江县、宁洱县境内的北段，镇沅、景东境内的西北段，思茅区境内的中段，澜沧县、孟连县境内的西南段组成，目前，在普洱市范围内还保存有近百处茶马古道上的文物遗迹，主要由古道遗址、古镇、古茶树、古桥、老字号、古驿站遗址等组成。

随着茶叶为载体的商贸日趋发达，这条道路在宋、元、明、清时逐渐地强化，明清时形成了亚洲大陆最为庞大复杂的商业道路。

茶马古道既是传播文明文化的古道，又是商品交换的渠道；既是中外交流的通道，又是民族迁徙的走廊；既是佛教东渐之路，又是旅游探险之途。因此，它是世界上地势最高、形态最为复杂的古商道。

随着历史的进步，茶马古道逐渐沉寂下来，但并没有消失，在西部偏远山区至今仍在使用马帮来搬运物资。古道在曲折盘旋中一路向上，十分险峻。行走的骡马在石板上面留下了深深的蹄印，正如历史所留给这座城市的深刻印记。

（节选自《走进茶树王国》，沈培平主编）

刘标/摄

高天明/拍摄

腊梅坡角茶马古道赋碑
（袁正/摄）

马帮（邓斌/提供）

≪≪ 普洱茶文化名人园中的名茶人 ≫≫

1. 中国茶文化名人园中的名茶人

（1）神农（生卒年不详）

即中华民族的祖先炎帝，史书上记载"神农尝百草，日遇七十二毒，得荼而解之"。陆羽《茶经》中说："茶之为饮，发乎神农氏"，神农是最早发现和利用茶叶的人。神农时代是"民知其母，不知其父"（《庄子·盗跖》）的母系氏族时代，由此推测，我国开始发现和利用茶已有5 000多年的历史了。

（2）岩冷（生卒年不详）

布朗族史书《奔闷》记载，岩冷是布朗族先民的首领，一千多年前，他率领族人在澜沧景迈、芒景一带大规模开垦种植茶园，并给茶取了一个特殊的名称叫"腊"，如今万亩古茶园仍然生机勃勃，泽被后人。布朗族《祖先歌》唱到："岩冷是我们的英雄，岩冷是我们的祖先，是他给我们留下了竹棚和茶树，是他给我们留下生存的拐棍。"每年农历六月初七，布朗人都要祭祀岩冷。

（3）诸葛亮（181—234年）

字孔明，三国时蜀国丞相。传说诸葛亮南征，五月渡泸，深入不毛，在现在普洱一带遇瘴疠之气，士卒皆病倒，有高士献茶，饮之瘴疠顿解。后诸葛亮将茶叶带到南中，传向中原，带动了茶叶的流通和茶产业的发展。普洱市每年农历七月二十三日都要举行"茶祖会"祭拜茶祖孔明。

（4）文成公主（617—680年）

传说是她发明了酥油茶。唐太宗贞观十五年（642年），文成公主奉旨进藏与松赞干布成亲，带去了大量的蒸青沱茶，为了推广饮茶，她发明了以奶煮茶，拌以酥油的方法，松赞干布喝了，赞不绝口道：这是什么汤？味道这么好！文成公主想了想说：叫酥油茶。从此酥油茶就在西藏很快传开，成了藏民最钟爱的饮品。

（5）陆羽（728—804年）

字鸿渐，唐复州竟陵（今湖北天门）人。陆羽精于茶道，以著世界第一部茶叶专著《茶经》而闻名于世。《茶经》分上、中、下三卷，包括源、具、造、器、煮、饮、事、出、略、图十节，共约七千字，分别叙述了茶的生产、饮用、茶具、茶事、茶区等问题，是唐代和唐以前有关茶叶科学和文化的系统总结，是中国茶叶生产、茶叶文化历史的里程碑。陆羽对中国茶业和世界茶业发展作出了卓越贡献，被后人尊为"茶圣"。

（6）卢仝（约795—835年）

号玉川子，唐代诗人，河南济源人。卢仝好茶成癖，诗风浪漫，他的《走笔谢孟谏议寄新茶》诗，传唱千年而不衰，其中的"七碗"之吟，最为脍炙人口："一碗喉吻润，二碗破孤闷。三碗搜枯肠，唯有文字五千卷。四碗发轻汗，平生不平事，尽向毛孔散。五碗肌骨清，六碗通仙灵。七碗吃不得也，唯觉两腋习习清风生……"茶的功效和茶饮的审美愉悦，在诗中表现得淋漓尽致。真谓人以诗名，诗以茶名。

（7）蔡襄（1012—1067年）

字君谟，福建仙游人。先后任大理评事、福建转运使、三司使等职，是宋代茶史上的重要人物。宋代最著名的贡茶龙凤茶，蔡襄将其改造为一斤二十饼的小团茶，故有龙凤茶"始于丁谓，成于蔡襄"之说。另外，他撰写了茶艺专著《茶录》，对茶的色香味和藏茶、炙茶、碾茶、罗茶、候汤、盏、点茶以及制茶用具、烹茶用具都作了简明精要的论述，是中国茶艺史上的重要论著。

（8）苏轼（1037—1101年）

字子瞻，号东坡居士，四川眉山人。苏东坡不但是中国宋代杰出的文学家、书法家，而且对品茶、烹茶、茶史有较深的研究，在他的诗文中，有许多脍炙人口的咏茶佳作，他在《次韵曹辅寄壑源试焙新茶》中写道："仙山灵草云湿行，洗遍香肌粉未匀。明月来投玉川子，清风吹破武林春。要知冰雪心肠好，不是膏油首面新。戏作小诗君勿笑，从来佳茗似佳人"，其中"从来佳茗似佳人"堪称咏茶之千古绝唱。苏东坡对中国茶文化发展作出了多方面的贡献。

（9）赵佶（1082—1135年）

即宋徽宗。其在位期间，治国无方，但他通晓音律、善于书画，对茶艺颇为精通，著有《大观茶论》，包括序、地产、天时、采择、蒸压、制造、鉴辨、白茶、罗碾、盏、筅、瓶、杓、水、点、味、香、色、藏焙、品名和外焙等二十目，比较全面地论述了茶事的各个方面。宋徽宗在《大观茶论》中对当时的斗茶活动有不少精彩论述。

（10）爱新觉罗·弘历（1711—1799年）

即清高宗乾隆皇帝。他对品茶鉴水尤为嗜好，在位期间，曾六次南巡，写下许多咏茶诗篇，为历代君王之最。他善于品水，有一特制银斗，用以量取全国名泉的轻重来评定优劣。相传乾隆85岁禅位，一位老臣不无惋惜地说"国不可一日无君"，乾隆幽默地接上一句"君不可一日无茶"，可见他嗜茶之深。乾隆在世88载，临位60年，是历代帝王中高寿者，与他饮茶养身有十分重要的关系。

（11）曹雪芹（1715—1763年）

字梦阮，清朝文学家，精于茶事。在他百科全书式的文学巨著《红楼梦》中，对茶、特别普洱茶有许多精彩的记述。如当八十三岁的贾母即将寿终正寝时，她睁着眼要茶喝，而坚决不喝人参汤，当喝了茶后，竟坐了起来。茶，在此时此刻不啻一剂起死回生的精神良药，由此可见茶的非凡魅力和曹雪芹对茶的一往情深。

（12）吴觉农（1897—1989年）

浙江上虞人。毕生从事茶事，堪称当代中国的"茶圣"。1922年，他撰写了《茶树原产地考》一文，雄辩地论证了茶树原产于中国，1940年，他创办了我国第一个高等院校的茶叶专业系科，1941年又创办了我国第一个茶叶研究所，新中国成立后曾任中国农学会副理事长和茶叶学会名誉理事长，主持编写了《茶经述评》，是中国现代茶学泰斗。

2. 世界茶文化名人园中的名茶人

（1）最澄法师（767—822年）

日本佛教大师。唐德宗贞元年间，最澄来浙江天台国清寺学佛，师事道邃禅师，于805年回国，将佛教天台宗传去日本，同时他还带回茶籽种于日本近江（今滋贺县）。最澄法师开创了日本种茶的历史。

（2）金大廉（生卒年不详）

金大廉，唐文宗时期，新罗使节，828年由中国带回茶籽，种于智异山下的双溪寺庙周围，朝鲜半岛从此揭开了种茶史。

（3）马可·波罗（1254—1324年）

意大利旅行家，1275年随其父到达元大都，后深受元世祖忽必烈的宠信，在朝廷担任要职达17年之久，曾作为钦差大臣先后巡视过山西、陕西、四川、云南等地，并代表元朝政府出使缅甸、越南、菲律宾、印度、爪哇等国。著有《马可·波罗行记》（又名《东方见闻录》），其中有述说中国饮茶的许多趣事。马可·波罗是西方最早认识和介绍中国茶的人。

（4）凯瑟琳公主（生卒年不详）

凯瑟琳公主是葡萄牙人，她在1662年嫁给英王查理二世后，在宫中积极推行饮茶。在17世纪，英国咖啡馆禁止女性入内，红茶很受女性欢迎，茶在英国就渐渐风行起来。

（5）塞缪尔·亚当斯（1722—1803年）

"波士顿倾茶事件"的组织者。明神宗万历三十五年（1607年），英属东印度公司从我国收购茶叶往欧洲试销，很快便行销欧洲，后又销往北美，成为欧洲和北美殖民地人民的日常饮料。18世纪初，英国会通过了《茶叶税法》，向北美殖民地征收高额茶税，1773年，为维持高额利润，英议会通过救济东印度公司茶叶的条例，同时禁止殖民地人民购买走私茶，波士顿青年在塞缪尔·亚当斯的带领下组织了波士顿茶党，经常组织示威和集会反对殖民统治，12月16日，波士顿茶党组织了5 000多人要求东印度公司的茶叶船驶出波士顿港，遭拒绝后，当天夜里

九十余名扮作印第安人的茶党人手持短斧登上茶船，打开船舱，劈开木箱，把船上的342箱茶叶全部倾入海里，这就是历史上著名的"波士顿倾茶事件"。波士顿倾茶事件因茶叶贸易而起，是北美人民反对殖民统治的开始。

（6）巴尔扎克（1799—1850年）

法国现实主义文学大师，著有堪称"社会百科全书"的小说集《人间喜剧》等，喜饮中国茶。一次以普洱茶招待朋友，他神秘地介绍说，此茶乃中国某地的特产极品，一年仅产数斤，专供大清皇帝独享，必须在日出之前采摘，并由一群妙龄少女精心制作加工而成，随后一路歌舞送到皇帝御前。大清皇帝馈赠数两给俄国沙皇，为防途中遭劫，还派武士护送，好不容易到了沙皇手上，沙皇再分赐大臣及外国使节，自己几经辗转才搞到一丁点，可见此茶之名贵。巴尔扎克曾在其作品中赞美："中国茶叶精细如拉塔亚烟丝，色黄如威尼斯金子，未曾品饮即已幽香四溢"。

（7）普希金（1799—1837年）

俄国伟大的诗人、小说家，史称"俄罗斯文学之父"，著有《叶甫盖尼·奥涅金》、《上尉的女儿》等作品。在他的长篇叙事诗《叶甫盖尼·奥涅金》中，他这样写道："黄昏降临，灯火通明，烧晚茶的茶炊发出咝咝声。温热着的中国细瓷茶壶，团团蒸汽从它底下喷出。奥莉佳亲自给大家斟茶，小仆人双手捧来了乳皮。茶水馥郁芳香，像一股黑色的溪流……"

（8）列夫·托尔斯泰（1828—1910年）

俄国伟大的文学家。著作有《战争与和平》《安娜·卡列尼娜》《复活》等。在他卷帙浩繁的史诗性巨著《战争与和平》中，写到有关中国茶的茶炊、茶具、茶桌、茶饮、茶礼的就有41页共78处。中国茶被他描绘得妙趣横生，犹如琼浆玉液，成为和平的使者、和平的象征。

（源自中国茶文化名人园、世界茶文化名人园中介绍文字）

（二）普洱茶：药食同源　康体益寿

在澜沧江两岸的深山密林中，气候温暖湿润，云雾缭绕。古茶园独特的茶林混作系统，抑制了人为的营养物质供给和病虫害的防治，避免了农药和化肥等投入，是真正无污染的自然有机茶园。同时，古茶园由于乔、灌木的遮阴作用保证了更适于茶树生长的湿度和温度，形成特有的小气候，也使古茶树的茶叶品质更优良。古茶园良好的生态环境和普洱茶的药用功能，是普洱人长寿的秘诀。

品饮普洱，幽香芬芳，一种神爽快乐的感觉，贯通于血脉情怀之中，给人们带来美的享受。传统普洱茶是经过千百年历史检验和长期精雕细刻的茶叶精品，有很好的保健效果，安全卫生，品质超群。普洱茶性温和，耐贮藏，适合烹煮或者泡饮，不仅解渴，提神，还可作药用，对人体健康十分有益。我国古代不少史籍有关于普洱茶功效的记载。古典名著《红楼梦》第六十三回，就有闷普洱茶喝助消化的描写。

中央电视台拍摄的纪录片《长寿密码》中《食以养生》也讲述了普洱茶与长寿之间的关系。景迈山给人们提供了丰富的食物，而以茶入菜更是村民们的至爱。茶叶既是药，也是菜，它能利大小便，多饮消脂去油。不同民族通过对

长寿老人（乔继雄/摄）

农归的拉祜族老人（乔继雄/摄）

茶叶的加工，获取多种营养。科学研究发现，茶叶含有大量的茶多酚与维生素C，有较强的抗氧化性，预防多种疾病。茶叶中的叶绿素能够激发人体血液的再生能力。同时，茶叶还能使人体血液洁净，保持弱碱性。日本一位专家评论道，普洱千年来旺盛的生命力在饮用后就可以感受得到：可利尿、助消化、减肥、健身、增强食欲等。

现代科学证实，普洱茶内含多种对人体有益的酶，茶中多酚类、色素类（茶黄素、茶红素、茶褐素）物质也具有多种生理功能，茶中所含咖啡碱和茶碱利尿，他汀类物质有潜在降血脂功效等众多好处。常饮普洱茶对于调节人体免疫力、抗氧化、降低血压和血脂有着明显的功效。同时，普洱茶还能解油腻，助消化。茶中的众多与人体胃肠的生物酶系产生反应的酶类，增加了蛋白酶的分泌，促进胃蛋白酶活力的提高，使胃对蛋白质食物的消化能力加强，强化了人体的消化能力。它刺激性小，有助于保护胃黏膜。

人们在茶园中获得的产品除了茶以外，还有野生和人工种植的菌类、寄生生物（如螃蟹脚），粮食作物、果蔬、油料、药材及其他经济作物。这些产品不仅为农户提供了家庭必需的基本口粮，也形成了当地农村家庭的生计基础。茶农将粗制的茶叶送到加工厂进行精加工后，形成多种多样的茶产品，远销世界各地。

有机绿茶（邓斌/提供）

（三） 普洱茶：信仰所寄 情感所托

普洱茶产区是中国民族最为丰富的地区之一，仅普洱市就居住着汉族、哈尼族、彝族、拉祜族、佤族、傣族等51个民族，其中世居民族14个，少数民族人口138.2万人，具有丰富的文化多样性。其与茶相关的少数民族文化，也是茶文化系统中重要的组成部分。茶文化内涵丰富，包涵了各民族与茶相关的物质文化、信仰禁忌、制度文化、风俗习惯、行为方式与历史记忆等文化特质及文化体系。

① 茶魂

农业生态系统是农业文化传承和传统知识获取的基础。森林茶园作为活态农业生态系统的存在，是该地居民重要的生计方式。传统知识体系的传承，保障了茶园的持续利用。同时，人类社会的文化价值观对于地区生物多样性保护和森林的保护都有重要的意义。一个地区、一个民族选择什么样的森林经营管理方式是森林保护的关键所在，云南热带山地民族在历史上曾经是刀耕火种民族，同时他们发明和发展了森林茶园文化，为森林保护做出了历史贡献。

在普洱，哈尼族、拉祜族、佤族、布朗族等民族中有许多神话传说，如佤族的《新谷颂词》、布朗族的《祖先颂》、拉祜族的《种茶歌》，都记录着茶与农耕生产的密切关系。据专家考证，最早发现利用野生古茶树的民族是古代濮人（布朗

布朗族"身份证"（邓斌/提供）

族祖先），他们是最早驯化和种植栽培茶叶的民族，如今在澜沧县景迈、芒景布朗山寨，每年都举行隆重的祭祀活动，祭拜"茶神"。人们崇拜这些图腾，因为它们与祖先们的某种生命源攸息相关，德昂族就称自己是茶的儿女。茶不仅蕴藏着各族人民祖先与子孙们文化信息的承传关系，它还体现了各民族的团建与友谊。茶园生态系统是地区少数民族文化与民族认同的基础。传统知识、节庆、人生礼仪等重大社会、个人的文化行为都或多或少地与茶相关。年代久远、生长茂盛的茶树往往成为茶园中的茶神树，人们认为其能够保佑茶园获得丰收，是一种精神寄托。在与茶相关的活动之中，布朗族的山康节规模较大、参与人数较多。除布朗族外，这一地区还有其他众多少数民族有着茶树崇拜和"茶王"信仰，这与普洱茶为主的栽培与野生栽培茶的起源密切相关。

困鹿山古茶园中的茶魂树之一
（袁正/摄）

布朗族祭茶（李安强/摄）

呼唤茶魂——澜沧芒景山康节（邓斌/提供）

布朗族茶祖岩冷雕像
（刘标/摄）

《《布朗族山康茶祖节》》

布朗族的山康茶祖节是在新的一年开始之际，布朗人表达对祖先的怀念与崇拜，求祖先给予保佑的一种活动。

远古时期，布朗族相信万物有灵，崇拜祖先。一千多年前，南传上座部佛教传入布朗族地区，在南传上座部佛教的影响下，布朗族的信仰发生变化，既保留了原始宗教的自然观，又渗透了南传上座部佛教的自然观。布朗族山康茶祖节就是两教理念合二为一的产物。"山康"是南传上座部佛教的传统节日，与汉族的春节相仿，有除旧迎新的意思。"茶祖节"是布朗族原始宗教的传统节日，布朗族称"好够龙"，原来是布朗人为纪念人工种茶这一伟大创举，永远缅怀布朗人首领岩冷的丰功伟绩。每年傣历6月下旬，即岩冷率领族群到达芒景布朗山时间定为"布朗山康茶祖节"，祭拜茶祖，呼唤茶魂，举办大型民间歌舞表演等活动。

❷ 茶俗

云南是个多民族的边疆省份，以普洱市为中心的澜沧江中下游世居少数民族悠久的种茶、制茶历史，孕育了风格独特的民族茶道、茶艺、茶礼、茶俗、茶医、茶歌、茶舞、茶膳等内涵丰富的茶文化和饮茶习俗。不同民族对茶的加工和饮用方式更是各具特色。如傣族的"竹筒茶"、哈尼族的"土锅茶"、布朗族的"青竹茶"和"酸茶"、基诺族的"凉拌茶"、佤族的"烧茶"、拉祜族的"烤茶"、彝族的"土罐茶"等作为传统的饮茶习俗，仍代代相传。

在各民族的婚丧、节庆、祭祀等重大节日和礼仪习俗中，茶叶常常作为必需的饮品、礼品和祭品。同时茶还有许多药用的功效，如提神解乏、消炎解毒、腹泻腹胀等。因此，可以说茶对当地各民族的影响已经浸透到生活、精神和宗教各个方面。

澜沧拉祜族自治县是以拉祜族为主的多民族居住地区，不同少数民族在长期

烤茶（刘标/摄）　　　　　　佤族火塘（邓斌/提供）

的历史过程中形成了不同的茶树栽培、管理、利用习惯，是整个地区文化多样性形成的基础。在此基础上，各少数民族以不同的形式在其节日、祭祀、礼仪、民俗、艺术等各方面将其表现出来。如，在饮食习俗上，布朗族利用茶叶作饮料、蔬菜和草药，用茶叶制成特殊食品"Mien"，即茶酱，为地方特色食品。傣族发明了用茶叶花染饭（黄色）和用茶护肤美容，及利用茶叶制作茶餐、菜肴。还有众多少数民族的族源传说与茶相关，布朗族认为其祖先意外食用茶叶后得到了意外的药用、食用效果，从而保证了民族的延续。类似的传说在拉祜族等其他少数民族中也有存在，形成了不同民族的茶魂崇拜。

《《每一片茶叶中，都包裹着一个民族》》

　　印象中，云南这样一个多民族聚居的省份对外界充满了魅惑力，尤其说到少数民族，人们总是眼睛一亮。我能读懂这亮亮的眼神。解读每个民族有不同的方式，如音乐、舞蹈、绘画、雕刻、文学艺术等形态。在思茅，我要告诉你的却是一个最便捷具体的方式，只要你留心，每一片茶叶或每一杯普洱茶里都深藏着一个缤纷灿烂的民族。

1. 喝蒸茶，认识哈尼人

在云南，我们常常听到"蒸饭"之类的土话，却很少听到"蒸茶"。事实上确有一种普洱茶就叫"蒸茶"，云南的神秘可略见一斑。

云南世居民族中，哈尼人喜欢喝普洱蒸茶。茶是自己做的，典型中国古典农耕社会的写照。他们采茶也是无心插柳式的，劳作、赶集甚至是狩猎归来的路上，顺手捎带一些老茶叶回来，蒸熟，晒干，装入特制竹篾盒。竹篾盒的编织是精致的，装进里面的茶叶也是精致的，竹篾盒里里外外有他们神性的智慧。客人来了，他们取出一撮蒸茶，冲上开水，数分钟后就可以慢慢享用了。你的口唇间，会留下一股糯米香，一呼一吸间，心境柔软起来，目之所及的山野也会开阔、明朗起来。

2. 拉祜人，糟茶也能喝

云南神秘莫测，吃喝也如此。在高高的拉祜山上，普洱茶与拉祜人相依相伴。与大山的默契的依存中，拉祜人找到自己独特的制茶与饮茶方式。

人的感触大抵如此，给你粗茶淡饭，你未必生气，但给你吃馊饭糟菜就是对你轻慢和不恭了。拉祜人常把鲜嫩茶叶采回家，在锅中煮至半熟，然后存放在竹筒内。待到自己饮用或招待客人时，取出少许在开水中煮。若你是客人，一定让你感到陌生和新奇。你看到的是古色古香的竹筒、乌黑的叶子、也同样是乌黑的土锅或铁锅、黑暗中烧开的泉水。你还未回过神来，一杯略带苦涩酸味的普洱茶就上得桌来。不用问，热情的拉祜人用非常古朴而又古老便捷的糟茶招待你。名为糟茶味道却不糟糕，微微的苦涩酸味解渴开胃，喝上几口就会上瘾。

离开拉祜山，哪一天蓦然回望拉祜山，你会想起，拉祜人竟连糟茶也能喝，神了！

3. 无量山，盐巴茶让我怀念

我20岁第一次踏进莽莽的无量山，抵达茶树王千家寨对面一个景东村庄。晨光中的村落、木门、清泉、少女如瀑的长发。我看见少女抱出土罐，砸碎什么黑色薄饼，移到火塘边烤。一进门就看见忽明忽暗的火塘。一会儿就听见土罐里"噼啪"一声响，我才坐定就被惊吓，心有余悸。但屋子里弥漫开香味，似乎清亮的早晨也香了，心也香了。少女从屋旁清泉边取回泉水，缓缓倒进土罐里，水罐冒出雾气。少女把一个小布袋子投入罐中，上下抖动几下，移去，从土罐倒在土碗里，碗里全是浓黑的汤汁，端到我面前，对了些开水，滚烫的冒着雾气。

我喝了，舒适爽口，无量山行走的风尘仿佛被洗去。少女从泉水边梳好头回来。我问罐中上下抖动的为何物？她答，盐巴。哇！盐巴也可入茶。那一天，随行的朋友拍下了那间木屋和彝族少女。朋友是当地彝族，他告诉我那是他们最喜欢的盐巴茶。

无量山，盐巴茶让我怀念。

4. 茶叶，布朗人的影子

澜沧江畔，江水亘古流淌，默默无言。

在澜沧景迈、芒景一带，随便找到一块山地，只要看到有人耕作，你就可以找他们聊农事，聊大山和人。闲聊中，他们会把冷饭、腌菜、盐巴和辣椒一股脑儿搬出来让你吃，这是他们农事生产中的"吃饭"。更为玄妙的是，他们还会给你吃一道独到的"菜"，他们会冷不丁从哪儿抓出一把生茶叶，也要你跟他们一样，用生茶叶蘸盐巴辣椒当菜吃。你不用奇怪，他们是众多少数民族中最早种茶的民族之一——布朗族，他们把野生茶驯化成人工栽培型茶树的技术还被哈尼族、傣族、基诺族人所仿效呢。

在布朗族居住的大山上流传着这样一句话："上山不带饭可以，不带茶不行！"布朗人日常把茶叶采下来带在身上，劳作或歇息时把茶叶撮一撮出来，放在嘴里嚼。从吃"得责"（野茶）生茶到口含"腊"条（栽培型茶），普洱茶与布朗人如影随形，这影子像澜沧江一样悠长。

5. 土罐茶，傣族的另类品饮

傣族的普洱茶艺茶道多种多样，我偏要说说傣族的另类茶饮——土司土罐茶。

在中华普洱茶博览苑"村村寨寨"里，来自孟连的这位傣族女子煮茶时给我强调，这是土司及上层的饮茶路数：要先将存放在竹筒里的茶叶倒在土罐里用文火慢炒，等闻到茶香时将沸水倒入土罐中，再用猛火熬至茶汤沸腾、汤色变浓，香味扑鼻时将茶汁倒入土司专用的茶具中，然后再将茶具放入篾制的器皿上，由仆人送到土司饮茶议事的地方供其享用。当然熬茶的师傅是专门培训过的，是类似现在的高级茶艺师的专职人员。煮茶即将完毕，这位女子又如此这番强调了一句：除非你做了土司，要不甭想。

谁都想过一下做土司的瘾，这样的愿望怕是难成了，可是这土司级别的土罐茶却是人人都可以享受到的。

6. 伴火而生，佤族铁板烧茶

佤族种茶的历史可以追溯到六七百年前，尤其是佤族男子几乎茶不离身。佤族家家户户都有一个煮茶用的瓦罐，不论在家还是外出劳动，佤族的生活中都离不开茶。

走进"村村寨寨"中的佤族村寨，热情似火的佤族少女会为你奉上他们最具特色的铁板烧茶。铁板烧茶在佤族语里叫"枉腊"，通常先用茶壶将水煮开，与此同时，另选一块整洁的薄铁板，上放适量茶叶，移到烧水的火塘边烘烤。为使茶叶受热均匀，还得轻轻抖动铁板，待茶叶发出清香，叶片转黄时随即将茶叶倾入开水壶中煮，沸腾3~5分钟后，即将茶水倒入茶盅饮用。由于茶叶经过了烘烤，喝起来焦中带香，苦中带涩，涩后回甜。

看着身边美丽的佤族少女，忽然想起了佤族"串姑娘"的习俗，要知道，这可是只有在佤族小伙儿"串姑娘"时才可以喝到的由佤族姑娘亲自煮的茶！

（源自《普洱》2006年第3期，作者泉溪）

布朗族传统寺庙（袁正/摄）

景迈山傣族佛塔（袁正/摄）

澜沧拉祜族形象雕塑（袁正/摄）

三

多彩的生命王国

（一）多样性：以生命的共荣诠释和谐的真谛

古茶园对于外人而言是神秘的。"远看是森林，近看是茶园"，这是许多人到古茶园之后的感慨。如果不是有导游的介绍，一般人根本无法分辨茶树与其他野生乔木的差异，更别说领略它的神奇与美了。

澜沧江流域具有多样化的地貌特征和气候特征，是全球生物物种的高富集区和世界级基因库，是地质学和生物学等研究地表复杂环境系统与生命系统演变规律的关键地区，在全球具有不可替代性。景迈古茶园万木丛生，古木参天，生长着数百种珍贵的动植物，是珍贵的物种基因库。古茶园生态系统生物多样性丰富，保存了大量的野生动植物资源。古茶园所在的澜沧江中下游地区，曾长期以来采取以刀耕火种为主的轮歇农业生产方式，一度造成了大面积的森林破坏及生物多样性丧失。但古茶园中保留着的乔、灌木树种和大量的草本植物，使得古茶园成为附近地区轮

景迈山鸟瞰（邓斌/提供）

古茶园近景（袁正/摄）

歇地撂荒后植被恢复的种源库，对当地生物多样性的维持和生态保护具有十分重要的意义。

在古树参天的森林里，生态系统以其强大的平衡能力帮助古茶树吸收阳光、驱走害虫、制造养分，呵护着它们长久的生长。而古茶树也是生态系统的一个重要组分，为其他的生物提供栖息场所，为低矮的植物遮蔽多余的阳光，为寄生的动植物提供养分，为采集者提供花粉、鲜叶……各种生物间互助共荣，演绎着和谐乐章。

❶ 树木、花草与寄生植物

在古茶园中，最吸引人眼球的就是一棵棵参天的大树、遍地开放的色彩绚丽的野花和攀附在古树上蔓蔓延绕的寄生植物了。

云南是"植物王国"，普洱市又正处于"王国"的中心区域，植物资源非常丰富，境内高等植物就有352科、1 688属、5 600种，占全省总量的40%。属于国家级保护的珍稀植物有58种，其中国家一级保护植物有桫椤、水杉、望天树；国家二级保护植物有云南山茶、野茶树（包括野生型和栽培型茶树）、荔枝、铁力木、云南石梓、杜仲、毛叶坡垒、长蕊木兰、水青树、三棱栎、白乐树、四数木；国家三级保护植

古茶树开新花（袁正/摄）

罗中偁/摄

邓斌/提供

生态茶园

物有顶果木、榆绿木、见血封喉、白桂木、滇菠萝、锯叶竹节树、隐翼木、篦齿苏铁、云南苏铁、大果青冈、龙眼、绒毛番龙眼、瑞丽山龙眼、假山龙眼、光叶天料木、滇南风吹楠、琴叶风吹楠、黏木、油杉、云南紫薇、火麻树、思茅木姜子、厚朴、林生芒果、红花木莲、合果木、楠木、翠柏、五桠果叶木姜子、思茅豆腐柴、大王杜鹃、多果榄仁、景东翅子树、云南翅子树、黑黄檀、油朴、红椿、大果领椿木、

大叶木兰、毛叶紫树、南方铁杉等。作为林业用主要树种有针叶林的思茅松、云南松、铁杉等；常绿阔叶林有栎木类、桤木类、桦木类、木荷类等各类树种。

茶林（包括古茶树居群和栽培型茶园）主要分布在海拔1 400~2 000米的中山地带。林中树木以种类丰富的亚热带半湿性常绿阔叶林为主，代表树种有壳斗科的元江栲、高山栲、青冈、黄毛青冈、杯斗滇石栎，木楠科的山玉兰，松科的滇油杉、云南松、思茅松，蔷薇科的山樱桃，榆科的长柄紫弹树等。次生植被有针叶林、针阔混交林、次生阔叶林、灌丛及灌草丛等。据调查，仅在澜沧景迈芒景古茶园生态系统中就有植物物种125科489属943种，林中有香樟、紫檀、铁力木、紫柚木、三棱栎澜沧黄杉等珍贵稀有树种。

除了高大的树木之外，茶林中还生有多彩的花草，在人工培育的茶林中，还有各类丰富的农作物。茶是对气味十分敏感，有人用茶来吸收冰箱中的异味就是应用了它的这一特性。因而，在茶叶生长的环境中，其他植物所散发的气味会对茶的香气和品质产生影响。在福建，福州茶农会将茉莉花的香味融入茶中，制作出著名的茉莉花茶。而普洱的茶农则利用山中天然的植物，赋予普洱茶特殊的香气。在景迈山，人们常说发酵过的普洱茶带有兰花的香气，可能就与山中生长的50多种不同的兰花相关。

除了花草之外，茶农还有意保留了生长在树上的各种伴生或寄生植物，有时是鸟巢蕨，有时是齿瓣石斛，有时是琴叶球兰……这些植物鲜艳的颜色点缀了以绿色为主色的茶林。在春天花开的季节，茶园中弥漫着或甜美或清幽的香气，宁静而美妙。待到5月茶花开，整个茶山都充溢了清甜、馥郁的香气。茶树叶子也在此时张开它的气孔，畅快的与这些香味分子进行充分的交流。那些带着花香的叶子，正是大自然汇聚天地精华的产物，是茶树与森林中植物生命共同孕育的精灵。

茶树寄生物（何露/摄）

《《景迈芒景古茶园植物的生物多样性》》

　　景迈芒景古茶树群所在的山区森林覆盖率高，自然生态条件良好，具有丰富的生物多样性和农业生物多样性。中国科学院西双版纳植物园的一项研究表明，景迈芒景古茶园中野生生物资源包括兰科（Orchidaceae）13属51种，蝶形花科（Papilionaceae）22属44种，大戟科（Euphorbiaceae）13属36种，菊科（Compositae）26属36种，唇形科（Labiatae）31属19种，茜草科（Rubiaceae）15属29种，樟科（Lauraceae）9属29种，爵床科（Acanthaceae）17属26种，桑科（Moraceae）4属23种，禾本科（Gramineae）16属22种，蔷薇科（Rosaceae）11属19种，天南星科（Araceae）10属16种，马鞭草科（Verbenaceae）5属16种，百合科（Liliaceae）7属14种，桃金娘科（Myrtaceae）3属13种，薯蓣科（Dioscoreaceae）1属12种，荨麻科（Urticaceae）8属12种，壳斗科（Fagaceae）2属11种，紫金牛科（Myrsinaceae）4属11种，芸香科（Rutaceae）6属10种，含羞草科（Mimosaceae）4属10种等。

　　茶园中有珍惜濒危保护植物15种，其中濒危种5个，易危种7个，稀有种3个，含国家三级保护植物11种。从古茶园、天然林、新式茶园3类生态系统的物种多样性分析来看，古茶园与天然林较为接近，因而在该区域生物多样性的维持上起着重要的作用。

景迈芒景古茶园中重要的濒危植物物种

种名	濒危等级	保护级别	用途
锯叶竹节树 Carallia lanceaefolia	濒危	国家三级	木材、药用
红椿 Toona ciliata	濒危	国家三级	香料、木材
毛叶樟 Cinnamomum mollifolium	濒危		木材
毛叶榄 Canarium subulatum	易危		药用
野拐枣 Hovenia acerba	易危		木材、药用

续表

种名	濒危等级	保护级别	用途
滇南红厚壳 *Calophyllun polyanthum*	易危	国家三级	木材
黑黄檀 *Dalbergia fusca* var. *enneandra*	易危	国家三级	药用
假山龙眼 *Helicia terminalis*	易危	国家三级	木材
山白兰 *Paramichelia baillonii*	易危	国家三级	木材
思茅豆腐柴 *Premna szemaoensis*	易危	国家三级	药用
滇马蹄果 *Protium yunnanensis*	稀有		药用
勐海姜 *Zingiber menghaiense*	稀有		
大果青冈 *Cyclobalanopsis rex*	濒危	国家三级	
大叶木兰 *Magnolia henryi*	濒危	国家三级	
山红树 *Pellacalyx yunnanensis*	稀有	国家三级	木材

❷ 虫、鸟与人

　　花开花落，叶生叶凋，植物的生命宁静而悠然，但茶园却不是一个无声的世界。走进茶园，闭上眼睛，在风与树摩擦出的沙沙声中夹杂着虫鸣鸟啼，奏出一首自然的乐章。

　　这些虫鸟多将茶林作为它们生活的家园。例如南方常见的小昆虫——通体绿

共生（袁正/摄）

丰收的喜悦（邓斌/提供）

色的小蝉趴在茶树上，用独特的口器刺入茶叶的幼嫩组织，对着茶叶大吃特吃。这种小绿叶蝉一年可以产出13代子孙，庞大的数量繁衍意味着巨大的食量。像这种以茶树为食的昆虫在茶园中数不胜数。它们在填饱肚子的同时，有时也传播植物病毒，给茶园里的茶树带来毁灭性的灾害。茶尺蠖、茶黑毒蛾、茶橙瘿螨、荔蝽等都是茶园常见的害虫。但并不是所有虫子都威胁茶树的健康。在茶园中，随时挂身的蜘蛛网让游人厌烦，却是茶农和茶树的朋友。漏斗蛛织出的网天圆地方，呈漏斗状，是它们捕获食物的好帮手。漏斗蛛扑食率极高，每天捕获大量的虫子，从不愁吃喝。而寄生蜂则是茶园中毒蛾的天敌。各种类型的寄生蜂在与毒蛾的较量中依靠其巨大的种群规模优势取胜。研究显示，1、2厘米的毒蛾身上能够养活数百只寄生蜂，如此循环寄生，毒蛾种群一直难以发展壮大。

鸟类是迁徙性极强的生物，它们会根据食物链的状况自发地将特定地区内的种群规模控制在一定的范围内。普洱茶园中的主要鸟类是雀形目的鹛类，最典型的是画眉鸟。而由于蛇的存在，一些小型的猛禽也偶尔会盘旋在茶园上空。

人也是茶园生态系统的重要生物。人类在临近村落的茶园中种植作物，丰富茶园生态系统的物种；将牲畜赶到山间茶园中去，啃食茶园中的野草，也肥沃了茶园的土壤；采摘茶叶和寄生生物，控制了茶树的长势，也避免了那些寄生在茶树上的寄生生物疯狂吸食茶树营养而致使茶树凋萎。同时，靠种茶为生的布朗族、傣族、佤族、拉祜族、哈尼族人，敬畏森林，爱护茶树，通过乡规民约控制了人类对茶园的利用规模，遵循自然生态思想管理和调节着这片绿色的王国。

普洱古茶园是与自然森林生态系统极

茶林乐趣（李安强/摄）

为相似的生态系统类型，丰富的动物、昆虫类生物多样性是其生态系统的特征之一。而这些动物形成了天然的食物链，通过共生、寄生、竞争和捕食等关系保持了生态系统的微妙平衡。人类在生态系统管理中起到了辅助作用。而如此丰富的生命表现形式，不仅为人类带来了丰富的产品，也用多样化的生命表现形式和物种间关系启迪和教育着人类。

> 据勐海县茶叶研究所专家介绍，普洱地区昆虫种类繁多，其中害虫320种，益虫406种。益虫永远比害虫多，所以古茶园从来没有爆发过大规模的病虫害，自然生态系统的微循环总能维持在一种有效的平衡中。

❸ 菌类与微生物

　　菌类和微生物由于其细小不可见，常常为人们所忽略。在茶园中，它们位于生物链的末端，是分解者。正是这些微生物，将动、植物的腐尸、败叶枯枝分解成养分，散入土壤。它们的存在才使得茶园生态系统的平衡真正建立。这些肉眼不可见的生物以它们庞大的数量护佑了茶叶的灵光。

茶园菌花（袁正/摄）

（二）生态价值：那些我们难以计算的人类福祉

　　丰富的生物多样性和茶园生态系统的结构特征，赋予了茶园强大的生态服务功能。自然生态系统不仅可以为我们的生存直接提供各种原料或产品（食品、水、氧气、木材、纤维等），而且还具有调节气候、净化污染、涵养水源、保持水土、防风固沙、减轻灾害、保护生物多样性等功能，进而为人类的生存与发展提供良好的生态环境。

　　对人类生存与生活质量有贡献的所有生态系统产品和服务统称为生态系统服务。已有的研究与实践表明，自然生态系统的具体功能虽然人工可以替代（如污水净化、土壤修复等），但是，在规模程度上的自然生态系统功能至少到目前为止仍然没有人工替代的可能。因此，自然生态系统的服务功能为人类提供的种种服务才显得尤为珍贵。然而，直到上个世纪末，人类才开始对生态系统这些直接价值之外的功能价值有系统的认识和论述。但是，很快的，生态系统能为人类提供多重服务这一思想迅速为全球所接受，生态系统提供人类福祉的思想在全球千年生态系统评估中全面的得以体现。

　　在中国，林业部门将茶林定位为经济、生态两用林，强调了茶树在作为作物之外的林业生态系统特性。古茶园是典型的人工森林生态系统，它与天然森林生态系统相近。但在其稳定性的维持中，受人类活动的影响更大。它能为人类提供支持服务、供给服务、调节服务和文化服务。根据千年生态系统服务评估结果，森林生态系统是全球各类生态系统中稳定性较强的生态系统之一。在全球范围内，温带—热带森林系统对动植物提供栖息地的能力下降，对气候变化和生物入侵的抵御能力下降，土壤污染水平提高，森林生态系统正在遭遇破坏。但普洱古茶园却是人为保存良好的森林系统。在气候变化与社会变迁，人类活动加剧的大环境背景下，至今仍提供着良好的生态系统服务，为人类福祉做出贡献。

❶ 支持服务

　　在茶园生态系统中的生物群落，除其他种树木和茶树以外，还包括杂草、昆虫、病菌、微生物、鼠等及茶行中套种的其他作物。这些生物群落在茶园生态系统中的各种联系是错综复杂的，其中营养联系是一个基本联系，能量转化过程贯穿于营养联系中。茶树是茶园生态系统中能量转化的第一过程和能量来源，它把能量贮存于茶树的有机物中，害虫以茶树枝叶为食料，从茶树中吸取营养，病原菌微生物寄生在茶树上，枯枝叶落入土壤中，重组有机物，营养联系不断，推动茶园生态系统的发展。在茶园生态系统中还存在多种联系，如茶树与其他植物群共同在一个生态环境中生活，进行着竞争和相互为利。

种植多种树木的茶园（袁正/摄）

　　茶树群落的生长发育，调节和改善了茶园微域的小气候的相对湿度，茶园的建立促进了该生态系统对外界不良气候因子的调节功能。茶树的种植还减少了太阳光直射地面和雨水冲刷，减轻土壤的生态灾害（水蚀、风蚀、光蚀）。茶树为其他物种的生存和繁衍提供了适宜的生态条件。对茶园有益、有害生物调查表明，茶园的有益生物增加，土壤有利于有益微生物生长发育旺盛，自食其力菌增长，鸟类种类也增加。由茶树介入原生态系统配置逐步优化，由于生物多样性，使生物系统趋于稳定，从而增加茶园生态系统的抗逆性，促进系统的良性循环。

　　在茶林中，绿色植物通过光合和呼吸的综合作用，固定大气中的碳，并释放氧气。茶树与其他植物一起维持了大气中的碳氧平衡，对降低大气温室效应起到非常重要的作用。另据研究表明，森林茶园的茶—作物—动物复合模式具有较高的光能利用率。

　　传统森林茶园生态系统本身具有较强的病虫害抗性，系统稳定性较高。研究表明，适时采摘、合理修剪、冬季清园等传统茶园管理方式，能够提高茶园的抗病抗虫能力。利用生态系统中动物种间竞争关系防治病虫，是少数民族传统智慧的集中体现。如青蛾瘦姬蜂能

袁正/摄

何露/摄

良好的茶园生态环境

够有效的控制白青蛾幼虫数量，花翅跳小蜂可以寄生茶硬胶蚧。同样的，森林中一些树种也能够明显减少害虫的数量，如樟树。同时，古茶园郁闭度大，气温日差较小，有利于天敌的繁衍，相比于其他茶园类型增加了对病虫害的自然控制。

❷ 供给服务

我们看到的古茶园，总是以森林的姿态展现，从而让人们忽略了它提供食物、淡水、木材和纤维以及燃料的功能。

人们在茶园中获得的产品除了茶以外，还有野生和人工种植的菌类、寄生生物（如螃蟹脚）、粮食作物、果蔬、油、药材及其他经济作物。这些

晒咖啡（李平/摄）

生态系统中的粮食及其他作物（邓斌/提供）

产品不仅为农户提供了家庭必需的基本口粮，也形成了当地农村家庭的生计基础。茶农将粗制的茶叶送到加工厂进行精加工后，形成多种多样的茶产品，远销世界各地。

相较于化肥农药投入高的台地茶，古茶园节约了成本。古茶树的茶叶和古茶园鲜叶制作的成品茶，口感优于台地茶园鲜叶制作的成品茶，醇厚度好，茶多酚、儿茶素、总糖和铁、锰、铜等微量元素含量高于台地茶。同时，古茶园由于乔、灌木的遮阴作用保证了更适于茶树生长的湿度和温度，形成特有的小气候，也使古茶树的茶叶品质更优良。

随着消费者消费水平提高，消费观念转变，无公害茶、有机茶产品已经成为广大消费者的首选。虽然古茶园的茶叶产量比台地茶园低，但其价格大约是普通茶树茶叶产品的5倍甚至更高，其经济价值是显而易见的。2009年，澜沧县茶叶种植总面积达1.75万公顷，茶农6.76万户，27.1万人，户均收入1 377元，人均收入344元。2010年来，普洱市推广生态茶园的种植，将传统的台地茶进行改造，控制每亩台地茶园茶株数在300株左右，禁止使用化肥、农药，并在茶园中种植多种树木，提倡绿色生产，从而提高台地茶茶叶品质和价格。尽管在改造初期，由于茶株数量的骤减，茶农收入略有下降，但从长期看，其效益是很显著的。而传统茶园生态系统是半人工生态系统，不使用化肥、农药，在很大程度上保证了茶品初级生产过程的食品安全。

茶园离不开人的管理，在传统森林茶园地区，村寨与茶园往往是你中有我、我中有你的。人就居住在茶园之中，而村寨的房前屋后种植茶树，为人类的居住提供了良好的自然生态环境。同时，茶园中高大乔木枯枝的收集和燃烧，也为当地居民提供了部分能源。

❸ 调节服务

古茶园有高大树木遮蔽，起到了很好的气温调节作用，使得局部气候舒适宜人。树木冠层对光具有较强的反射和吸收作用，使得昼间热力效应呈现负值，降低茶树附近的空气温度；而夜间热力效应呈现正值，起到保持茶树近旁气温的作用。在低纬度地区，日间光照较强，气温和表温都较高，因此植物的蒸腾作用强。传统森林茶园通过茶树对于小气候的调节作用有效地减少了蒸腾，获得优良的茶叶品质与良好的经济效益，同时对于涵养土壤水分也有积极的意义。

普洱茶森林茶园是处于天然森林生态系统与园地生态系统之间的生态系统类型，具有多重的生态服务功能。传统森林茶园生态系统具有森林生态系统的特征，森林涵养水源的作用主要有森林的水文效应以及森林的蓄水功能。森

镇沅千家寨野生茶树群落（袁正/摄）

林茶园的生长发育及其代谢产物不断对土壤产生物理及化学影响，参与土壤内部的物质循环和能量流动，有助于保持水土和保持土壤肥力。

《《茶园生态系统服务功能》》

西南大学针对茶园生态系统服务功能的一项研究表明，茶树根系发达，根的深度一般可达60~80厘米，根幅一般可达为100厘米以上，这样使茶树固持的土壤多。加之成年茶树树冠面积大，覆盖度达90%以上，可避免雨水的直接冲刷，并且能将降雨部分截留或者全部截留，从而减少了地表径流。同时，茶园的蒸发对

环境体系的温、湿度和水分的平衡起到重要作用。一个已经成型的茶园，就是一个小型的森林系统。它的一个重要功能就是保持河流水文的稳定状况，即对洪水流量和枯水流量的消减和补充。茶园通过大叶种和小叶种乔木型和灌木型的茶树、耐寒、耐旱性状的中叶种和小叶种灌木型茶树、小乔木型或者灌木型茶树、草本层和凋落物层对降水层截留，以及林分滞留、强大的蒸腾、林地土壤良好渗透性等过程，使林地的地表径流减少，甚至为零，从而起到减小洪水和延缓洪峰的作用，涵养了水源、稳定了水文。

茶园土壤是地面上能够生长茶树的疏松表层，它提供茶树生长所必需的矿物元素和水分，是茶树的生长基地，是茶园的养分储藏库。茶树是土壤永续利用的屏障，茶树通过代谢过程及生态功能，改善了土壤的不良理化性状，发挥土地生产潜力。茶树营造的绿色空间改善了茶园温湿条件，调节了土壤温度和湿度；茶园中凋落的物层有减少冲蚀和截滞地表径流、增加土壤腐殖质和营养元素及提高土壤保水、保肥能力；土壤生物类群深入土层，有提高土壤生物生化活性和促进生物培肥的作用；根系深入土层，能够促进土壤熟化过程，改善土壤结构。同时，茶树的种植降低了地面的风速，减少了风对土壤的侵蚀和风沙的危害。

特别要说明的是，中国的茶园生态系统中净生态系统生产力为正值。研究表明，相比于森林和农田，茶园的固碳功能更明显，对于降低大气中的温室气体含量功不可没。而普洱所在的西南茶区，相比国内其他地区的茶园固碳能力更强，应当是森林茶园所特有的生态特征。此外，新建成的茶园土壤碳损失能以一定的速度逐步恢复，42年后可恢复到周边常绿阔叶林的土壤碳密度。国内目前采收茶园的平均种植年龄35年，未达到恢复年限，平均碳密度低于周边森林。而古茶园种植年限均超过百年，其土壤碳密度与周边地区森林土壤碳密度相似，有利于土壤碳积累和储存。但就茶树本身而言，古茶树由于树龄偏大，其生命活力下降，与树龄较小的栽培型茶树相比，其固碳能力较低。

⟪⟪茶园——经济和生态双赢系统⟫⟫

浙江大学的一项对茶园碳汇集能力的研究表明：

① 中国茶园的植被总碳储量为83.29百万吨，不同茶区茶园的生物量在每公顷48.93到52.89毫克碳之间，低于周边无干扰森林。

② 中国茶园的初级生产能力（绿色植物用于生长、发育、繁殖所需要的能量值）是周边常绿阔叶林的2倍。

③ 中国茶园生态系统的总碳储中土壤碳占了很大一部分，其次是植被碳储量和其他碳储量。

④ 茶园的是碳汇集地场所。相对于森林，茶园是一个有高碳输入和高碳输出的高碳流系统。尽管中国茶园的总面积仅是森林面积的1.19%，是草地面积的0.49%，但茶园固定下来的碳是森林系统的3倍，是草地系统的50倍。

因而可见，茶园对于吸收大气中的碳含量，降低温室气体效应，调节小区域环境有着十分显著的作用。它是一个能提供经济价值，并同时能维持自身碳收支平衡的经济—生态双赢系统。

❹ 文化服务

普洱茶农业系统包括古代茶园和现代茶园共同构成的壮观的传统农业景观和构筑技术，形成符合当地自然环境特征的传统民居和乡土建筑。古代茶园是森林—茶树复合系统，远看是一片十分茂密的亚热带常绿阔叶林，进入树林则可见上层为参差不齐的高大乔木，下层为疏密不均的茶树，具有极高的景观文化价值。有些古茶园还保留了大量野生水果和木本蔬菜，民居也坐落于茶树间，形成了人与自然和谐共处的文化景观。今天，大面积的现代化生态茶园围绕在城市周围，为普洱增添了一道绿色的风景。

村寨散布于茶园之中，达到人与自然的和谐统一。这种景观美学特征是普洱

古茶园重要的文化服务之一，也是不断吸引游客前来观赏和体验的旅游吸引点之一。

同时，古茶园还是少数民族文化的表征物，是精神信仰的寄托和自然教育的场所。茶园也是地区少数民族文化的基础。传统知识、节庆、人生礼仪等重大社会、个人的文化行为都或多或少与茶相关。

对普洱人而言，没有茶园，就没有美丽的生命；没有茶园，就没有优美的环境；没有茶园，就少了地方和文化的认同；没有茶园，就好像生命失去了源泉，信仰失却了寄托。

布朗族传统民居房顶的茶叶形建筑元素（袁正/摄）

布朗族民居内部茶叶形装饰元素（袁正/摄）

民族服装中蕴含象征茶的元素（邓斌/提供）

四

真与美的代言

千年以来，普洱茶农依赖当地优质的资源，实现了亲近自然的生产过程，生产了富有特色的农副产品，维持了舒适宜人的生态环境，发展了丰富多彩的民族文化。生活在茶林包围的村落之中，人们幸福而安逸。在这里，茶园不仅是茶农的生计之源，也是人们生存于自然之中的一种姿态。而对于山外来客，茶园是不可多得的身心休憩之所。少数民族的民族文化和民风民俗原始而神秘、古朴而奇异；民族传统节日传承千年、魅力独具；茶文化内涵深厚，历史悠久。世界旅游组织的专家感叹：普洱是一个诗情的城市、浪漫的地方，就连空气都洋溢着浪漫。

千家寨山中杀戏演出地（袁正/摄）

（一） 对茶而思：向着自然的回归

❶ 普洱茶与茶道

　　普洱茶是最接近野生茶树的茶树品种，它生于林中，自然成长。普洱少数民族传统的普洱茶栽培、采摘与制作技艺顺天时，应物理，致人和，合乎阴阳之道，反射出生命的本真。中国人不一定都懂茶，不一定都品茶，但大部分都喝茶。端起一杯普洱茶，它的香醇、温润、清雅流连唇舌之间，将我们带回它生长的那片茶园，带回天地之中，自然之间。

　　今天，当我们提起茶道，一些人会说"茶道"是日本的说法，应当尽量摒弃不用。但中国是世界饮茶和茶文化的发祥地，"道"的思想起源于春秋时的老庄，茶与道的结合是中国文化融合发展的必然。中国的茶和茶文化和天时、顺人道，此外，中国茶文化受儒、释、道三家思想的影响，已经超越了道家所倡导的自然而为。禅茶一味，在佛为禅，百木为茶。对佛家而言，道是参悟，是智慧，而茶事本身处处有禅意，茶即是道。对儒家言，道是中，是和。茶事融五行于一，使天道与天命合为一体，是为天心，是为茶道。

山康茶祖节祭祖（邓斌/提供）

茶与劳动（邓斌/提供）

日本茶道

茶起源于中国，东传韩、日，远播欧亚，遍及世界，成为人类饮食文化中最为璀璨的一枝。它在日本开花结果，发展出日本茶道。镰仓时期，日本人南浦绍明（1235—1308年）渡海赴宋朝求法，拜径山寺僧人虚堂智愚为师，学成后于1267年返日，携中国茶典七部而归，从中抄录而成《茶道经》。日本茶道精神的"和、敬、清、寂"四字，即出于《茶道经》。"和、敬"指茶会中主客相对待的心得，"清、寂"则为茶室与茶庭中清静闲寂的氛围，后经日本茶道大师千利休（1522—1591年）的推阐，"和、敬、清、寂"四字遂成用以表示茶道精神之禅语。

茶道，最早见于唐代皎然《饮茶歌诮崔石使君》中的"孰知茶道全尔真，惟有丹丘得如此"。稍后又见唐代封演《封氏闻见记》中记载："开元中，泰山灵岩寺有降魔师，大兴禅教，学禅务于不寐，又不夕食，皆许其饮茶。人自怀挟，到处煮饮，以此转相仿效，遂成风俗。"南人好茶饮，北人也饮茶成风，时尚"多开店铺，煎茶卖之。不问道俗，投钱取饮。"陆羽结合茶事"为茶泡，说茶之功效并煎茶、炙茶之法，造茶二十四事，以都统笼贮之。远近仰慕，好事者家藏一副，有常伯熊者，又因鸿渐之论广润色之，于是茶道大行。"这些典籍中所说的茶道，其实多在茶道的初级水平——茶事的范畴，讲饮茶之乐，讲饮茶之盛，讲饮茶衍生出的文化。

但是茶与茶客在茶中品出的思想，则是另一番境界。陆羽在《茶经》说茶叶"茶之为用，味至寒，为饮最宜精行俭德之人"。"精行俭德"指在行事谨慎、合乎规矩，遵守传统道德。《周易》中说：君子以俭德避难。这是被尊为茶圣的陆羽在其传世之作中对饮茶之人提出的唯一标准，是《茶经》的基本伦理思想。说明中国自古就有茶配君子的思想，是对茶所蕴含的传统文化与精神的至高肯定。饮茶之人，不必富贵，不必高识，不必广闻，庙堂君主或是田间农人，百技傍身或往来货殖，只要德行清明，做人板正，就是茶最适合的伙伴。

茶解渴、祛病、致人清明。随着中国文化的昌盛，茶事、茶礼、茶韵、茶禅、修身养性俱蕴含在茶道之中。唐代裴汶《茶述》谓茶："其性精清，其味淡洁，其用涤烦，其功致和。参百品而不混，越众饮而独高。烹之鼎水，和以虎形。人人服之，永永不厌。得之则安，不得则病。"明代朱权的《茶谱》认为茶"乃与客清淡欢活，探虚玄而参造化，清心神而出尘表"。明张源《茶录》说："茶道，造时精，藏时燥，泡时洁。"精、燥、洁，茶道尽矣。

至当代，很多人以自己的理解为茶道定义。蔡荣章认为"茶道，是指品茗的方法、功能及其意境"。庄晚芳说："茶道，就是一种通过饮茶的方式，对人们进行礼法教育、道德修养的一种仪式"。李斌诚则认为"茶道，乃是饮茶的道理、道德，或曰准则与规范。它是啜茗与文化的结合体，陶冶情操的手段和一门高深的饮茶艺术"。当代著名茶文化专家陈香白提出中国茶道包括"七义一心"等。茶道逐步上升为一个包含茶事、文化和哲学的复杂体系。

然而，在这个体系中，人们往往忽略了茶作为生物时自然生长的过程。中国茶道的核心在"清"在"和"，这首先便应当从茶作为物种的生物特性，在其生物过程中的生态价值，在茶农业文化中的精神支持中寻找渊源。茶之清，在于其应天地而生的灵气，在其融日光普照、花草熏香、风雨滋润、掌心揉捻、炉火烘焙、自然发酵于一身的负重，在其遇水而展的释放，在其入口回甘的芬芳，在其悠悠君子之风，生于天地，功在人和。茶之道，天人一体；茶之道，知行合一；茶之道，蕴真与美于其中。普洱茶之"清"、之"和"完全与中国茶道思想一致。

今天，茶与茶道成为一种文化，继承传统，走向未来。普洱茶具有悠久的历史，深厚的文化，优良的品质，是历史文化名茶，也是中国茶的代表品牌之一。普洱之中，蕴含着中国茶道深厚的文化底蕴、茶道的本源和茶道精神的寄托。在我们提倡生态文明、品质生活的时代中，它引领着茶文化发展的潮流，正在被越来越多的人所认同，也将中国茶推向一个历史的新高度。

《中国茶道与儒学、佛理及老庄思想》

茶对于人类来说，首先是以物质形式出现，是一种止渴解乏的饮料。但注入文化内涵后，茶就产生了具有精神和社会功能的茶道。朱权《茶谱》说：茶之为物，可以助诗兴而云山顿色，可以伏睡魔而天地忘形，可以倍清淡而万象惊寒，茶之功大矣。卢仝更有"七碗之吟"。它使人得到精神上的享受，进入神奇美妙的境界。中国茶文化长期浸润于中华传统文化之中，特别是汲取了儒、道、释诸家深刻的哲理思辨，融合儒家、佛家和老庄思想，让人能参天下、观自然而体察人生、反观自身，使人明心见性，提高修养，悟得茶道。

中国茶道之于儒家，主要汲取其中庸和谐、天下和合的思想。茶事中，人、茶、具及与周围环境的和谐，其乐融融、言笑晏晏的沟通与交流最能体现儒家和合思想的境界。而以茶养廉、以茶励志、以茶乐生、以茶示礼都是儒家思想与茶道精神的完美统一。

中国茶道之于道家，主要是秉承其"天人合一"的老庄思想。道家之"道"是宇宙的根本法则，是万物必须遵循的客观规律。老子认为"道法自然"，庄子认为"道"普遍地内化于一切事物中，"无所不在"，"无逃乎物"。道不离日常生活，而茶是最有利于悟道的，涤器煮水，煎茶饮茶，道在其中，不修而修。所谓"探虚玄参万物造化，品神韵悟百味人生"，正是以茶悟道，以达"天地与我并生，万物与我为一"的至高境界。

中国茶道之于佛家，主要是汲取其"俭"和"静"的内涵。茶人"心性同修"的过程与佛教僧徒坐禅悟道极为相似。僧人的心绪随着木鱼声匀速地转动，茶人的心随着水温和茶汤的变化而匀速有节律地跳动。安寂、幽静是品茶和修禅的共同文化情韵。"茶禅一味"盖出于此。

中国茶道基于儒家治世机缘，倚于佛家淡泊的出世节操，体现道家相对自由的个性发挥，致清导和，沁雅思明。

（节选自《走进茶树王国》，沈培平主编）

❷ 普洱茶是祖先留给我们的优秀遗产

普洱市古茶园分布很广，分布区域属于傣族、布朗族、佤族等民族混合居住地，各民族仍然保留了各自的语言、风俗、节庆、祭祀、服饰、建筑等文化传统。千百年来，这里世居的各族人民与自然互动而形成的茶园文化景观，显示了人类历史上利用、驯化自然生物物种在文明演进中的特殊作用。

布朗族的祖先岩冷留给布朗人以茶林，养育了世世代代的景迈山民。而普洱古茶园与茶文化系统留给我们的却是一个更广阔的世界，是物质与精神的双重财富。

作为传统农业系统，普洱古茶园与茶文化系统包含完整的古木兰和茶树的垂直演化过程，证明了普洱市是世界茶树起源地之一；从野生型古茶树、过渡型古茶树和栽培型古茶园，到应用与借鉴传统森林茶园栽培管理方式进行改造的生态茶园，形成了茶树利用的完整体系；具有丰富的农业物种栽培，农业生物多样性及相关生物多样性；涵盖了布朗族、傣族、哈尼族等少数民族茶树再配利用方式与传统文化体系，具有良好的文化多样性与传承性；是茶马古道的

千家寨野生古茶树（袁正/摄）

景迈山千年万亩古茶园（袁正/摄）

茶神祭台（乔继雄/摄）

中国重要农业文化遗产标识碑
（邓斌/提供）

起点，也是普洱茶文化传播的中心节点。该系统不但为我国作为茶树原产地、茶树驯化和规模化种植发源地提供了有力证据，也是未来茶叶产业发展的重要种质资源库，还保存了与当地生态环境相适应的丰富的民族茶文化，具有重要的保护价值。

作为文化景观，普洱古茶园表现了茶农与土地的和谐，是人与自然共同创造的壮美景观。它由乔木型高大茶树构成，最高超过10米，一般都在5米左右，且树龄古老，最老的接近千年，一般在200年左右。在澜沧江中下游如此广阔的地域范围内，大面积历史悠久、外形特异的森林型乔木茶园在全球范围内可谓绝无仅有。同时，在景观内部还有古朴的民居、民俗文化和与茶有关的独特信仰体系。当地保存着布朗族、傣族、哈尼族以及佤族传统民居，其村寨规划与建筑设计，融入了少数民族文化与信仰体系，且始终保持着传统的建筑特征。这种建筑形式将茶文化融入民族信仰与日常文化生活中，将茶抽象成符号贯穿各民族日常生活与礼仪和信仰。而除了自然崇拜和佛教、基督教等宗教信仰，当地还保留了与茶密切相关的茶魂崇拜，通过对茶魂树的祭拜形成了一套对古茶树及周边森林生态系统保护密切相关的规范和约束。

古茶园景观是突出的文化景观，它突出表现了茶农与土地和谐创造的景观，这种景观的创造是基于当地人对土地的深刻理解与尊重，表现了人与自然的和谐。

——北京大学城市与环境学院副院长　陈耀华

2012年，普洱古茶园与茶文化系统被联合国粮农组织认定为"全球重要农业文化遗产"，并进入中国国家文物局《中国世界文化遗产预备名单》。古老的茶园与茶文化一起正式进入世界遗产的行列中，为全球瞩目。

中国重要农业文化遗产牌子（邓斌/提供）

对于古茶园的遗产价值，中国科学院地理科学与资源研究所自然与文化遗产中心副主任、FAO ／GEF-GIAHS（全球重要农业文化遗产保护与适应性管理）中国项目办公室主任闵庆文研究员认为："普洱古茶园与茶文化系统是具有全球重要意义的农业文化遗产——具有丰富的生物多样性和文化多样性，体现了人与自然的和谐共处、人与环境的协同进化，蕴含着丰富的生态思想；历史悠久的茶叶栽培和生产，促进了当地社会经济的可持续发展；无污染、高品质的茶叶，保证了当地居民的食物与升级安全；历史悠久的茶文化与古茶园栽培和管理方式，形成了当地特有的社会组织与文化体系。它为现代生态农业提供了天然样本和天然的实验室，提供了向大自然学习的机会。我们应当从传统中找出科学的机理和智慧，对现代农业进行指导。"

除了系统整体之外，普洱茶传统制作工艺、茶马古道和一些少数民族文化行为也是国家非物质文化遗产的内容。

（二）对茶而歌：美景与生命的吟诵

澜沧江中下游地区自古以来就是西南少数民族活动和生活的地方，他们保护了古茶园，创造了普洱茶文化。然而，由于高山大河的阻隔，直到明清时期，地方文化才随着马帮开始了与汉地、藏区、南亚和东南亚各地文化的交流。

诗是汉语中最富情趣也最有意境的文学体裁，普洱之美，正适合以诗为题。然而，在漫长的历史中，她的面容却一直被大山所掩，未被外人识，只有世代以茶为生的各少数民族用他们绚丽多姿的歌舞，日日赞颂着。

但是，山高路远阻不断普洱茶的香醇。当普洱茶进入宫廷，风靡京都，高官显贵、文人墨客对他的热情便淋漓尽致地展现出来。清乾隆皇帝写诗赞颂普洱："独有普洱号刚坚，清标未足夸雀舌。点成一碗金茎露，品泉陆羽应惭拙。"是给以它众茶之上的至高评价。"雾锁千树茶，云开万壑葱。香飘十里外，味酽一杯

宋代斗茶图局部（刘标/提供）

中。""茶山辟在西南夷，鸟吻毒菌纷蟊螣。岂知瑞草种无方，独破蛮烟动蓬勃。味厚还卑日注丛，香清不数蒙阴窟。始信到处有佳茗，岂必赵燕与吴越。"一首首描写茶山、赞颂普洱的诗词为后人所传诵。

《《《清以后吟诵普洱茶的著名诗歌 》》》

烹雪

瓷瓯瀹净羞琉璃，石铛敲火然松屑。明窗有客欲浇书，文武火候先分别。

瓮中探取碧瑶瑛，圆镜分光忽如裂。莹彻不减玉壶冰，纷零有似琼华缬。

驻春才入鱼眼起，建城名品盘中列。雷后雨前浑脆软，小团又惜双鸾坼。

独有普洱号刚坚，清标未足夸雀舌。点成一碗金茎露，品泉陆羽应惭拙。

寒香沃心欲虑蠲，蜀笺端研几间设。兴来走笔一哦诗，韵叶冰霜倍清绝。

——清高宗爱新觉罗·弘历

普茶吟

山川有灵气盘郁，不钟于人即于物。蛮江瘴岭剧可增，何处灵芽出岑蔚。

茶山辟在西南夷，鸟吻毒菌纷蟊螣。岂知瑞草种无方，独破蛮烟动蓬勃。

味厚还卑日注丛，香清不数蒙阴窟。始信到处有佳茗，岂必赵燕与吴越。

千枝峭倩蟠陈根，万树搓丫带余柈。春雷震厉勾潮萌，夜雨沾濡叶争发。

绣臂蛮子头无巾，花裙夷妇脚不袜。竞向山头采撷来，芦笙唱和声嘈囋。

一摘嫩芷含白毛，再摘细芽抽绿发。三摘青黄杂揉登，便知粳稻参糠粊。

筠篮乱叠碧氄氄，松炭微烘香馞馞。夷人恃此御饥寒，贾客谁教半干没。

冬前给本春收茶，利重逋多同攘夺。土官尤复事诛求，杂派抽分苦难脱。

满园茶树积年功，只与豪强作生活。山中焙就来市中，人肩浃汗牛蹄蹶。

万片扬箕分精粗，千指搜剔穷毫末。丁妃壬女共薰蒸，笋叶藤丝重检括。

好随筐筐贡官家，直上梯航到宫阙。区区茗饮何足奇，费尽人工非仓卒。

我量不禁三碗多，醉时每带姜盐吃。休休两腋自更风，何用团来三百月。

——宁洱儒生许廷勋作（选自《普洱府志》）

采茶曲

正月采茶未有茶，村姑一队颜如花。秋千戏罢买春酒，醉倒胡麻抱琵琶。

二月采茶茶叶尖，未堪劳动玉纤纤。东风骀荡春如海，怕有余寒不卷帘。

三月采茶茶叶香，清明过了雨前忙。大姑小姑入山去，不怕山高村路长。

四月采茶茶色深，色深味厚耐思寻。千枝万叶都同样，难得个人不变心。

五月采茶茶叶新，新茶还不及头春。后茶哪比前茶好，买茶须问采茶人。

六月采茶茶叶粗，采茶大费拣功夫。问他浓淡茶中味，可似檀郎心事无。

七月采茶茶二春，秋风时节负芳辰。采茶争似饮茶易，莫忘采茶人苦辛。

八月采茶茶味淡，每于淡处见真情。浓时领取淡中趣，始识侬心如许清。

九月采茶茶叶疏，眼前风景忆当初。秋娘莫便伤憔悴，多少春花总不如。

十月采花茶更稀，老茶每与嫩茶肥。织缣不如织素好，检点女儿箱内衣。

冬月采茶茶叶凋，朔风昨夜又前朝。为谁早起采茶去，负却兰房寒月宵。

腊月采茶茶半枯，谁言茶有傲霜株。采茶尚识来时路，何况春风无岁无。

——清光绪年间景东郡守黄炳堃作（选自民国《景东县志稿》）

茶山春夏秋冬

茶山春日

本是生春第一枝，临春更好借题词。雨花风竹有声画，云树江天无字诗。

大块文章供藻采，满山草木动神思。描情写景挥毫就，正是香飘茶苑时。

茶山夏日

几阵薰风度夕阳，桃花落尽藕花芳。画游茶苑神俱爽，夜宿茅屋梦亦凉。

讨蚕戏成千里檄，驱蝇焚起一炉香。花前日影迟迟步，山野敲诗不用忙。

茶山秋日

玉宇澄清小苑幽，琴书闲写一山秋。迎风芦苇清声送，疏雨梧桐雅趣流。

水净往来诗画舫，山青驰骋紫黄骝。逍遥兴尽归来晚，醉初黄花酒一鸥。

茶山冬日

几度朔风草阁寒，雪花飞出玉栏杆。天开皎洁琉璃界，地展萧疏图画观。

岭上梅花香绕白，江午枫叶醉流丹。赏心乐事归何处，红树青山夕照残。

——景东民国训导周学曾作（选自民国《景东县志稿》）

普洱茶

雾锁千树茶，云开万壑葱。香飘十里外，味酽一杯中。

——佚名（选自《中国名茶》）

诗歌同体，延续古风，现代人越加喜爱以歌达意，以歌言情。艺术家们到过普洱，进过茶园之后就流连其中，唱出一首首悦动人心的歌儿。有歌必有舞，多才多艺的普洱各民族人民常以盛装欢舞表达对自然的崇敬与对生活的热爱。

傣族泼水节（邓斌/提供）

佤族木鼓节（邓斌/提供）

（三） 从来佳茗似佳人：普洱茶美学价值的多种表现

除诗歌外，无数关注普洱与普洱茶的人们，还用其他多种艺术形式表达对普洱古茶园、茶文化的歌颂和反思。从来佳茗似佳人，佳人万千仪态，佳人摇曳生姿，佳人即是美，是人类永恒的追求；普洱佳茗似佳人，它酽而醇的深厚文化，更是以百变的美好展现人前。

喜庆春茶开采（李安强/摄）

在中华普洱茶博览苑中，一幅幅画作，一幅幅字句，笔走游龙，或写实或抽象，或浑厚，或缥缈，描绘出普洱的韵味。这些作品，作为壁画，作为门联，作为艺术品展示给游人，含蓄地展现着普洱茶的韵味。

《《《中华普洱茶博览苑茶联》》》

探玄妙参万物造化；品神韵悟百味人生。

——石坊门联（朱飞云撰）

瑞气横生，世上茶山唯此秀；

茗源纵写，人间普洱独为先。

——问茶楼联（黄桂枢撰）

万亩茶园，装点乾坤添锦绣；

一方胜境，钩沉史册展经纶。

——石坊门联（袁庆光撰）

放眼茶源观翠海；畅怀天际沐雄风。

——问茶楼联（沈杰撰）

品茗醉邀天上月；登楼闲赏画中春。

——问茶楼联（袁庆光撰）

云霞涌起千层浪；茗翠飘遥万顷波。

——问茶楼联（王孝成撰）

禅宗寂静尘嚣少；茶苑弥香客去迟。

　　　　　——茶祖殿联（陈朝友撰）

普茶驰誉，能续东坡佳句；

贝叶遗篇，再传陆羽新经。

　　　　　——茶祖殿联（朱培学撰）

解渴齿流芳，七碗生风，

当年传说卢仝腋；

清心人益寿，全球驰誉，

今世争夸普洱茶。

　　　　　——茶祖殿联（张志英撰）

烹来满室流香，七碗品尝，

风生两腋醒诗梦；

谱出茶经名著，一壶斟就，

春溢全身超俗尘。

　　　　　——茶祖殿联（袁朗华撰）

犹探槚源流，堂里品上三杯，

便晓中华茗祖，化石活在千家寨；

此饮今去向，亚欧传扬百载，

方知保健功能，人生更需世纪茶。

　　　　　——茶祖殿联（黄桂枢撰）

从南到北，观光最是银生地；

自古于今，品饮当推普洱茶。

　　　　　——品鉴园联（陈文魁撰）

雅士座中谈岁月，新茶杯底作波澜。

　　　　　——品鉴园联（林朝恩撰）

四野青山形胜地；一楼爽气快哉风。

　　　　　——品鉴园联（沈杰撰）

画栏拥翠流莺语；彩袖翻红荡茶歌。

　　　　　——品鉴园联（万亿撰）

卷一春心铭佛相；舒三才气润乾坤。

　　　　　——品鉴园联（肖健生撰）

思茅昔办清皇贡；赤县今夸普洱茶。

　　　　　——品鉴园联（王郁风撰）

周武王闻香下马；蜀丞相知味停车。

　　　　　——品鉴园联（马超群撰）

昼赏清茶夜赏月；醉闻花气睡闻莺。

　　　　　——品鉴园联（马福民撰）

万里云山，千般碧翠思梦境；

千年古道，万种风情孕诗魂。

　　　　　——品鉴园联（袁敬东撰）

一亭春色四围木；盈野茶香万壑风。

　　　　　——休闲亭联（杨恩田撰）

三山馨肺腑；一碗壮精神。

　　　　　——凉亭联（陈朝友、袁敬东撰）

行走在普洱城区，一个接一个的茶馆飘出阵阵茶香。一些表现普洱茶文化的群雕小品散落在普洱城市各处，给漫步此中的我们无数的惊喜，马帮小憩、妇女制茶、雅士品茶铜雕就是其中的代表。它们分别位于普洱市倒生根公园、世纪广场内和红旗广场旁，是三组写实的、紧密结合普洱历史文化的群

制茶雕塑（袁正/摄）

雕小品。"马帮小憩"着力表现"山间铃响马帮来"的情景和千百年来形成的马帮文化。"妇女制茶"着重表现农家作坊青年妇女制茶时的情景，既突出展示民间传统制茶工艺全景，又富于民族特色和乡野生活情趣。"雅士品茶"重在表现饮茶品茶的乐趣和飘飘欲仙的满足感，再现当年"士庶所用，皆普茶也"和普洱茶"香飘千里外，味酽一杯中"的胜景。

　　普洱的14个世居民族，都有悠久的种茶、制茶、饮茶的历史。采自云雾山中的茶叶，经妇女精心加工制作，积淀了历史的沉香，透露着本色的甘醇，具有独特的审美品位和永久的精神魅力。

　　普洱是"茶马古道"的源头，从普洱出发的5条商道穿越崇山峻岭、高峡深谷，北上昆明，西至西藏、印度、尼泊尔，南达缅甸、越南、新加坡、马来西亚、泰国，将普洱与周边国家和地区紧紧联结在一起。至清时，普洱茶产销盛极一时，"入茶山作茶者数十万人"，年产茶8万余担，每年有5万多匹骡马络绎于途，马铃之声不绝于耳。光绪二十三年（1897年）清政府在思茅设立海关，英、法等国先后派驻领事，专司茶叶出口。普洱茶是我国名重天下的出口产品，茶马古道是西南地区古代最重要的国际贸易大通道，马帮汉子是最忠直、坚毅、果敢和信诺如山的勇者、智者和拓荒者。

此外，一些表现普洱茶历史、普洱风光和少数民族文化的影视作品近年来也越来越多地展现在观众面前。其中，最有代表性的当属《茶颂》了。这部三十二集电视连续剧自2013年在中央电视台播放以来备受推崇。有人说《茶颂》就是一壶普洱茶，它展示了澜沧江流域各少数民族与茶之间的紧密联系，是一部关于普洱茶，关于普洱茶文化，关于与普洱茶有关的各少数民族的奋斗史，再现了普洱茶文化的恢宏博大，源远流长。

《《与普洱茶相关的影视作品》》

1.《茶颂》

电视剧《茶颂》是一部揭秘普洱茶与雪域西藏神秘往事的三十二集电视连续剧。这部由中国民族音像出版社与云南省普洱市委市政府、大理白族自治州委州政府及普洱市锦辉集团公司联合摄制的民族题材电视剧，讲述了云南各族人民用茶叶支援西藏抵御外辱的历史故事，歌颂了中华民族自古以来团结互助、共守疆土的民族精神。该剧于2012年4月在云南普洱景迈山开机拍摄，2013年10月15日起在中央电视台8套晚七点档黄金时间播出。

十九世纪的中国，英帝国主义企图以鸦片易茶贸易分裂西藏，英国茶叶公司为占领西藏市场更是不惜挑起流血事件。当时清朝政府腐败无能，以慈禧太后为主的腐朽势力更是暗中指使云贵总督巴图鲁破坏云南边茶进藏，企图将西藏茶叶市场拱手相让。在这生死存亡关头，思茅同知、普洱知府、西南茶马御史——云南大理白族世家第37代孙段子苴挺身而出，化解民族隔阂与纷争，为捍卫边茶贸易与巴图鲁及其儿子巴雅尔斗智斗勇。他联合普洱勐撒宣抚司掌印夫人南波娅及世代以边茶贸易为生的普洱茶山百姓，在恋人世仇巴图鲁的女儿乌云珠帮助下冲破重重阻挠，将西藏急需的五万担茶叶送到雪域高原，彻底粉碎分裂阴谋，重振边茶进藏贸易。西藏大德高僧阿克丹珠为感茶叶惠泽，在祈祷大法会上专做《茶

颂》流传于世。全剧通过西南茶马御史段子苴父子大起大落的命运，折射出西南少数民族的生存智慧和民族气节，再现了茶文化、历史的源远流长、恢宏博大。

2.《回到爱开始的地方》

电影《回到爱开始的地方》是星美影业有限公司、台湾柏合丽影业股份有限公司出品，由台湾获得金穗奖的新锐导演林孝谦执导，台湾著名影星周渝民和内地当红女星刘诗诗领衔主演的爱情、文艺电影。该片以台湾小清新文艺片风格，讲述了来自台北的许念祖和北京的女记者纪雅清去云南普洱完成追寻一名台湾老人初恋的故事。剧中，普洱优美的自然风光和茶城特有的壮观茶园景观为爱情主线提供了安谧浪漫的空间背景。

3.《阿佤山》

电影《阿佤山》是由广西电影集团有限公司出品，中共云南省西盟佤族自治县委员会、西盟佤族自治县人民政府、广西银河星辉影视制作有限公司、广西电影集团有限公司联合摄制，青年导演马会雷执导的云南少数民族题材电影。伦敦时间2013年11月18日，《阿佤山》获第五届英国万像国际华语电影节"优秀原创故事片"和"最佳民族电影"两项大奖。该剧讲述了某城市房地产公司总经理杨志达为了寻找红毛树，回到曾经工作过的西盟阿佤山，遇见当年的初恋情人叶娜，并围绕一棵古老红毛树的买与卖引发了一系列故事，通过人与人、人与木鼓、人与树的几组矛盾交织，揭示人与自然和谐共存的主题，展示神奇美丽的佤山风光和丰富独特的佤族文化，赞美阿佤人山一样质朴宽厚的胸怀、火一样奔放炽热的情感。

五

土地和手掌的温度

（一）茶园管理：土地对人的教导

普洱古茶园多是接近天然林地的乔木林地。传统上，茶农对茶园的管理较为粗放。生长在万木丛中的古茶树主要依靠自然肥力生长，不需要人工施肥、浇水、除虫。每年秋茶采摘结束后以人工镰刀割草或锄头除草的方式剪除林下杂草，根据茶园面积的不同，需3~8个工日。茶山中的男女都会参与到茶园管理的工作中来。

普洱市各民族应用传统方法栽培茶树有上千年的历史。古茶园一般不进行施肥和翻耕，由于山区交通不便，茶叶向外运输困难，古茶树仅在春季采摘，而在其他时间就可以积累养分。古茶树上有较多的有益寄生和附生植物，仅发现少量的茶籽盾蜡、蚜虫和茶毛虫等虫害。云南古茶树群落能够存在数百年甚至上千年，除了得天独厚的自然环境和茶树丰富的遗传多样性为古茶树的生存提供了根本保证外，

农归（邓斌/提供）

牧归（杨明珠/摄）

也得益于这些传统种植管理方式。这种源自传统经验的耕作方式使农民获得了与自然和谐相处的自然生存方式，实现了真正意义上的天、地、人和谐共处，为其他同类地区合理利用土地，发展适应本地条件的生存方式提供了有效的借鉴。

天然林下种植茶树这一种植模式，是当地民族在逐渐摸索茶树生长习性的基础上对森林生态环境的模拟和利用，是一种特殊而古老的茶叶栽培方式。山地农业与茶园的共荣共生，是当地居民的主要生计方式。茶林中和茶林周围农业物种多样性丰富，在这一地区，主要粮食作物包括水稻、陆稻、玉米、小麦、荞、薯类、豆类，其中，水稻、陆稻、玉米、荞类、薯类等种植历史悠久；油料作物有花生、油菜、芝麻、向日葵等；小红米、薏仁米等杂粮零星种植；主要经济作物包括茶叶、咖啡、橡胶、药材、水果、蔬菜等；另外，还有些青绿饲料用于家禽饲养，如芭蕉、佛手瓜、红薯藤、芭蕉芋等。在种植农作物的同时，当地还有多种畜禽养殖品种，较为出名的有黄牛、水牛、小耳朵猪、山羊、本地兔、鸡、麻鸭、鹅等。这些丰富的农业生物多样性，与茶林一起形成了立体的生态农业模式。

　　森林茶园历史悠久，生活在其中的各民族人民在长期的劳作中积累了丰富的生产生活经验，以文字和口承方式代代相传，形成了管理利用和保护森林的茶园传统知识体系。而各世居民族在其传统文化中，都有着尊重自然、万物有灵的思想。在长期的生产过程中，他们熟悉森林和森林中的植物。也许不懂得原因，但是他们能够比现代科学更好地认知森林中主要物种的关系，将人作为天地间自然链条的一环，谦卑而谨慎的遵循自然法则，投入和索取。

　　在森林茶园的管理过程中，当地人有意识地选择和保护古茶园中遮荫树种，而这些树木大多具有一定的经济或文化价值。在茶树的栽培中，一些少数民族为防治病虫害、提升茶叶的口感等多种目的，在茶园中有意识地栽种树木、花果或蔬菜，不但提高了土地利用效率，还获得了更好的茶叶品质。如布朗族以栽培和养护野生茶树为主，在森林茶园中保留了大量野生水果和木本蔬菜，家庭手工制作的生茶品质优良，香味极佳。普洱市各民族创立了多种大叶种茶与云南樟（*Cinnamommun portectum*）、大叶种茶与旱冬瓜（*Alnus nepalensis*）间种系统，以防治茶树病虫害，生产出优质茶叶，也保护了水土和生态环境。

生长在农户房前屋后的古茶树
（袁正/摄）

与其他作物混栽的古茶树（袁正/摄）

（二）　从叶到茶：手心中的艺术

　　茶叶收获的第一个步骤是采摘。普洱茶一般每年有三个采摘期，农历2~4月为春茶采摘，5~7月为夏茶（雨水茶）采摘，8~9月为秋茶（谷花茶）采摘。采摘方式为人工手采。采摘嫩芽按照标准分为三类：制高档名茶采一芽一叶或一芽二、三叶；大宗茶以一芽二叶为主。

普洱茶老作坊（莫丽珍/摄）

　　在长久的制茶过程中，普洱茶也形成了独特的工艺。杀青、揉捻、晒干、压制成形的技艺由来已久。传统普洱茶是以云南大叶种晒青毛茶直接蒸压而成，大

传统晒青加工（刘标/摄）

鲜叶（袁正/摄）

多为团、饼、砖、碗臼等外形。在茶马古道漫长的运输途中逐渐发酵而成。20世纪70年代，人工发酵普洱茶的生产工艺基本定型，现代经人工发酵后压制的普洱茶也称"熟普"，而用晒青毛茶直接压制的普洱茶称"生普"。

清代以来，随着普洱茶的兴盛，收售加工普洱茶的商号也越来越多。为了方便加工生产，这些商号也逐渐由城区向茶山靠近，普洱茶加工的技艺也更为成熟并传入普通茶农之中。

历史上，普洱茶采摘之后鲜叶卖给茶商，茶农就算获得了一年的收成。而今，从采摘到初制多是在茶农家中完成，茶农也把自己的手艺融入了我们的杯中。将一筐筐的青叶采回后，杀青、揉捻、晒干制成晒青毛茶——滇青。此时的茶，是普洱茶最为基本的茶叶形态，也是当地茶农们千余年来最爱喝的茶。

❶ 杀青

和其他地区类似，茶农对鲜叶的第一道处理工序是杀青。普洱茶选择云南大叶种茶作为原料，杀青通常为锅炒杀青。由于大叶种茶水分含量高，晾晒往往难以达到杀透，因而多用锅，采用焖抖结合的方式使茶叶迅速失水，达到杀透杀均的目的。而在茶农家中，一些人还是习惯利用阳光蒸发掉茶叶的水分。利用阳光杀青，一来更为自然，保持了茶的原味，二来容易掌握，不会出现锅杀中由于技术水平不足而破坏了茶叶的质量。

❷ 揉捻

揉捻是茶叶制作过程中最难以言传的一个环节。根据原叶的老嫩程度灵活掌握，嫩叶轻揉，揉时短；老叶重揉，揉时长。普洱茶（贡茶）制作技艺的国家级代表性传承人李兴昌曾说："我的手艺没有什么秘密，谁想知道我都可以教。可是制茶不仅是一门技术，靠的是悟性，火候大小，时间长短，全凭一心感受。差之毫厘，出来的就不是贡茶。"

❸ 晒干

揉捻之后，利用阳光将茶晒干，使茶叶中水分在10%左右为宜。习惯上，茶农以指尖碾碎茶叶来判断叶中的水分状况。在没有阳光的条件下，烘干也是常用的干燥方式。农家晾茶常选一块空地或屋顶，铺上一块竹席，用手反复将茶叶搓成条状，然后摊放在竹席之上，干后用扁担挑入市场售卖，或装入竹篮，待价而沽。

至此，普洱茶的原料——晒青毛茶加工完成。再经蒸制软化，放入布袋压制成形即为紧压普洱茶生茶。

青叶采摘后，不能储存，必须立即加工以保证茶的质量。因此，收获的季节也是茶农们最忙最累的季节。新制的普洱茶装在袋中，也掩不住它的清香。在等待茶商收茶时，人们快乐却也忐忑，不只为茶的价格担忧，也为这些叶子最终的品相产生期待。收上茶农们手中的青茶，茶商们十八般武艺齐展，开始了叶子变茶的神奇魔法。

如制作熟茶，就要把晒青毛茶"渥堆"发酵。

揉捻（乔继雄/摄）

晒干（高天明/摄）

拣选晒青茶（邓斌/提供）

❹ 渥堆

渥堆是1972年云南省昆明茶厂研究成功的普洱茶加工新技术。它是将制成的晒青毛茶泼水，使茶叶吸收水分受潮，然后堆成一定的厚度，再利用湿热的原理将茶叶中的刺激性物质加以熟化；渥堆的轻重是由水的比例、茶的厚度（温度）及时间长短来控制。经过若干天堆积发酵，茶叶变成深褐色，产生特殊陈香，滋味也变得醇郁浓厚。渥堆之后需要将茶堆扒开，均匀展于阳光之下，自然风干。现代人喜欢的普洱熟茶就是这样制作完成的。

经渥堆发酸熟化后，制成普洱茶熟茶中的散茶毛坯茶。

❺ 筛分

筛分是散茶制作的最后一个步骤。它将干燥后的茶叶散开，进行分档，以便之后制成不同级别的散茶或紧压茶。

《《《普洱茶（自然发酵）属于哪一种发酵?》》》

普洱茶（自然发酵）属于哪一种发酵法？

首先应当确定的是，普洱茶属于最原始的发酵技术。它与我们现今的发酵工艺还有很大的差距。它的制作主流一直沿袭传统的制茶方法与发酵模式。这方面的技术创新，除了20世纪70年代发明了一种"渥堆"——即快速人工发酵方法外，基本上没有大的突破。而这种"渥堆"方法的出现，也只限于普洱茶熟茶的制作范畴。普洱茶传统制茶的主流——现今称之的"生茶"，即自然发酵的普洱茶仍属于最原始的发酵技术。因此，就这方面而言——

普洱茶从发酵形式上划分，属于固态发酵；

普洱茶从发酵工艺流程上划分，属于连续发酵；

普洱茶从发酵过程中对氧的不同需求划分，可分为：先是有氧发酵，后是厌氧发酵。

我们说普洱茶是最典型的发酵食品主要依据上述这三方面的理由。

1. 固态发酵——普洱茶独特的发酵方式

发酵食品中，采用固态发酵方法的产品很多。如我们现在熟知的纯粮固态发酵白酒等。但这些发酵食品基本都破坏了发酵底物，它们更多地注重固态发酵后的衍生物——即蒸馏酒液。因此，这种发酵方法对发酵底物改变很大，几乎是"摧毁"性的，可谓"一场革命"。

但普洱茶却不同。虽然它也属于固态发酵，可它却一直与发酵底物（茶叶）"荣辱与共"。极少对发酵底物外形进行破坏。这就使普洱茶的固态发酵与其他很多发酵食品的固态发酵有一个本质上的区别：酒类产品的固态发酵最终脱离了发酵底物的"原形"，对发酵底物的"结局"可以忽略不计。但普洱茶则始终与发酵底物相互依存，其所有的发酵过程都是在保留普洱茶原始架构下进行。因此，当我们细心观察一个陈年的普洱茶饼时，除了感觉到茶叶颜色的变化，几乎看不到茶叶条索，包括内涵物质的变化。换句话说，普洱茶的同态发酵是"静悄悄的、渐进式的一场变革"，而非发酵底物的"一场革命"。

因此，普洱茶是真正意义上的固态发酵，是历史上延续下来最具代表性的一种独特发酵方法。

那么，这种真正意义上的固态发酵有什么好处呢？

首先，它具备原生态最基本的要素。保留物质的原始状态，让人们对它最初的形态有直观的感受，体验它的原始风貌，这在发酵食品采用固态发酵方法中极少见到。

其次，能够保留原始形态也证明其发酵的过程（包括加工的过程）必定是在常温下进行的，如果是高温高湿，必然对普洱茶的茶叶外观产生极大的破坏。普洱茶的发酵使其产生改变，但这种"改变"有一个前提，即外观形态变化缓慢，

真正改变的是它的内在品质。当然，这里附带说明一点，普洱茶近几年的加工也存在一些弊端，一部分企业为了加大产量，舍弃了晒青的方法，改用更便捷的烘青方法。这种方法虽然表面上没对普洱茶的外观产生破坏作用，但却因加工温度过高，使微生物与酶"失活"，造成普洱茶发酵"受阻"。因为普洱茶是依靠发酵才能得到质量上乘的佳品。失去了微生物和酶，发酵便成了"空中楼阁"。我们之所以称普洱茶是最典型的固态发酵的杰作，其关键点在于发酵决定了普洱茶是"变的艺术"。而烘青终止了普洱茶的发酵，使其"不变"或走向"霉变"，则失掉普洱茶的精髓；再次，普洱茶是极具个性化的产品。不同的选叶标准、不同的加工方法，再加上云南众多的茶区原有的"一山一茶、一茶一味"特点。让我们体验到普洱茶背后的文化属性。如果不是普洱茶特有的固态发酵方法，我们很难领略到云南众多的少数民族对普洱茶的独特制法。因此，我们经常说，普洱茶不仅是一种饮品，也是一种文化，一种生活态度。

2. 连续发酵——普洱茶最具魅力的发酵流程

云南自古对普洱茶的制作有一个特殊的习俗，即爷爷制茶，孙子卖茶。这个习俗实际上告诉我们，普洱茶的陈化过程需要一个很长的时间。而这个陈化过程就是连续发酵的过程。也正因为这个连续发酵，普洱茶才有"越陈越香"的美誉。

我们习惯上把这个过程比喻为"丑小鸭向白天鹅的转变"。一饼新制作出来的普洱茶，其苦涩味较重，但是存放至一定的年份，比如二十年以上，其苦涩味消失，换来的是一种甘甜、一种陈香或一种令人神清气爽的别样体验。如果能够品尝到五十年、甚至一百年以上的陈年普洱茶，其品尝后的感受更是难以用语言表述。这都是普洱茶的连续发酵——最具魅力的发酵流程所至。

普洱茶的连续发酵也创造了两种奇迹：一是造就了"越陈越香"的品质；二是连续发酵的时间可延续一百年以上。北京故宫博物院至今仍保留完好无缺的"万寿龙团"（普洱茶）和普洱茶膏上就可证明这点。

或许，正是因为这一魅力，造就了热爱普洱茶的一个特殊的发烧友团体。这个有一个普遍的共性：都储存一定量的普洱茶。而且，这种存储不是简单意义地将收购来的普洱茶堆在仓库"一丢了事"。而是细心观察不同仓储条件、不同的温湿度对普洱茶后续的发酵所造成的影响。实际上，由发烧友组成的"存茶大军"也参与了普洱茶连续发酵的过程。这与发酵食品中的酒类（白酒和红酒）发烧友一起，形成特有的"绝代双雄"。就这个层面而言，我们也可将普洱茶视为发酵食品中又一个巅峰。

3. 有氧发酵向厌氧发酵的转化——原始发酵最科学的方法

虽然20世纪70年代，云南的科技工作者创制了"渥堆发酵"这一快速发酵方法。但传统的制茶方法（即"生茶"）仍是普洱茶制作的主流。而且，普洱茶的极品基本都来自于这部分产品。

传统的制茶方法最大的优点是将普洱茶的发酵分为两个阶段进行。

第一个阶段为有氧发酵。主要体现在普洱茶初制阶段，即晒青阶段。它包括①采摘，②日光萎凋，③杀青，④揉捻，⑤晒干。在这个阶段，茶叶中原有的叶绿素酶将叶绿素水解生成植醇和脱植基叶绿素，并在多酚氧化酶催化作用下，氧化形成不稳定的邻一苯醌类化合物，然后再进一步通过非酶催化的氧化反应，出现难得的褐变现象。

在这一阶段，普洱茶的"揉捻"显得尤为重要，基本采用"重力揉搓"的方式，其目的是通过"重力揉搓"将茶叶表面的"保护膜"搓碎，再以自然晒干的方式，使空气中的多种微生物菌群"侵入"，完成茶叶在自然状态下的第一次"自然接种"。同时，多酚氧化酶在接触到茶叶的酚基低物而产生酶促反应，其涉及的主要底物是黄酮类物质，如根皮苷、儿茶素、表儿茶素和基于表儿茶素骨架结构的一系列花青素配基低聚物（二聚体至七聚体），进而完成普洱茶初级氧化阶段。即有氧发酵。

第二阶段为厌氧发酵阶段。普洱茶在初制加工之后（成为晒青毛茶），必须将其紧压成型。这样做的目的，不仅便于后续的持续发酵，也是连接发酵的延续。普洱茶界习惯上称"后发酵"，就是指普洱茶在紧压成型、干燥后的长期陈化过程。

紧压成型后普洱茶的发酵与前面有氧发酵有什么区别呢？

首先，有氧发酵主要针对的是散形茶。紧压成型后的普洱茶的发酵则进入到厌氧发酵阶段。因为茶叶在紧压成型后，除了表面与空气接触外，其内部则是缺氧状态，这恰恰有利于厌氧发酵的发生；因此，普洱茶的"后发酵"基本借助的都是紧压成型的方式。

其次，自然界中有氧菌与厌氧菌分工是不同的，有氧发酵更多的是完成一组物质的生物氧化，而厌氧发酵是将有氧发酵不能完成的复杂的有机化合物分解成比较简单的物质的过程。

普洱茶的有氧发酵与厌氧发酵这两个阶段的轮转，形成了一个完整的发酵链条。

因此，历史上留传下来的陈年普洱茶，基本上是以团、饼、碗臼等紧压成型模式出现，极少见到散条形陈年老普洱茶。因为散茶只存在有氧发酵的过程，缺少厌氧发酵的程序，必然造成散形茶后续的演变呈碳化的趋势。

（选自《普洱》，2010（7），作者陈杰）

❻ 压制

在普洱茶的制作技术中，最有特色的应该是它的压制技术了。自古以来，普洱茶散茶进入市场的规模和名气就远不如其制作成紧压茶运至各地的声名。普洱茶的压制多用手工操作，使用压杠、棒槌、石鼓、铅饼、推动螺杆等传统工具进行。制作过程分为装茶、蒸茶、揉茶、压茶、解茶、晾茶、包茶等环节。其中，包茶和揉茶对于技术的要求较高。传统普洱茶著名的压制形态，包括砖茶、团茶、沱茶、方茶、饼茶和竹筒茶等。

紧压茶的制作首先是选料。紧压茶受到压制形状的影响，一般一块紧压茶各个部位的茶叶原料是有所差异的。

以圆茶为例。生产圆茶通常以上好的茶叶为原料，以晒青毛茶或发酵后的茶做底成为"底茶"；用春尖包裹于黑条之外，称"梭边"；以少数花尖盖于底及面，盖于底部下陷之处的称"窝尖"，盖在正面的称"抓尖"。然后按一定部位同时装入小铜甑中。饼茶按每饼净重0.125千克、七子饼茶每饼净重0.357千克，加上含水量准确称重，此后，将原料在蒸汽上蒸5秒钟左右，使叶子受热变软，含水量达18%~19%。蒸后的茶叶放在模中，先放底茶后放盖茶，铺匀，冲压至紧。冲压后稍放置冷却定型，时间约30分钟，然后脱模。

不同等级的普洱茶饼（袁正/摄）

七子饼茶（邓斌/提供）

饼茶与圆茶过去均采用自然风干的方法，茶饼码放在晾干架上，风干时间5~8天，多则10多天。现在改为烘房干燥，温度450℃左右，经20小时左右即达干燥程度。饼茶每片重0.125千克，4饼为一筒，75筒为一件，装在篾篮中，捆扎，每件净重37.5千克；七子饼茶每片重0.357千克，用纸包，7饼为一筒，因此称"七子饼茶"，12筒为一件，用胶合板箱包装，每件净重30千克。不同类型的紧压茶制作过程类似。

（三）生态茶园：传统智慧的创造性实践

　　少数民族对茶园的粗放式管理，在一定程度上是由于茶园本身的特点决定的。森林茶园生态系统中上层乔木和茶树本身的枯枝落叶，为茶园提供了丰富的养料。古茶园生态系统本身具有较强的病虫害抗性，系统稳定性较高。人们在研究传统茶园的生态系统结构后，发现了这一生态系统的科学价值，并仿照传统森林茶园的生态系统结构对现代茶园进行改造，构建现代生态茶园。近年来，普洱市大力倡导生态茶园建设，就是利用传统森林茶园所教给我们的生态智慧改造年轻的茶园。

　　中国生态茶园的建设主要利用的传统茶园管理的关键技术有：立体复合种养技术、有害生物无害化治理技术、生态茶园无害化施肥技术、废弃物循环利用技

生态茶园（袁正/摄）

营盘山现代茶园

术、衰老茶园的更新复壮技术等。普洱生态茶园的建设，按照以茶为主，立体种植，多物种组合的形式，按林—茶—草的主体种植模式进行茶园的改造。在茶园内纵横交错种植高大乔木为茶树遮阴，树种可选用香樟、松、杉、千丈、岩桂及水果等，以每亩配植6个树种以上、栽种8棵的标准进行配置；茶树下种牧草或其他作物，减少杂草危害，发展养殖业，减少病虫危害。通过动物粪便的综合利用形成循环体系，降低茶园的施肥量。另外，降低茶园茶树密度，减少茶园中人为管理的干扰也是普洱生态茶园建设中传统智慧的创造性体现。

六

从远古走向明天

传统历史名茶普洱茶，蕴含着丰富的历史文化和生态价值。以普洱为核心的澜沧江中下游地区是中国普洱茶的主要产区，也是世界普洱茶文化的中心地带。从木兰化石的时空分布、古地理气候环境、现代木兰与茶树生态习性、茶树叶片形态特征以及遗传基因等系列特征剖析，茶树可能由宽叶木兰经中华木兰进化而来，从景谷木兰植物群化石与本区茶树的地理分布之如此重叠，与千家寨野生古茶树植物群落之如此邻近，在形态特征、生态习性上的进化之如此相似，以及从第三纪木兰和现代茶树时空分布系统的密切联系，从景谷木兰植物群化石的出土到镇沅千家寨大面积原始野生古茶树植物群落这一茶树活化石的新发现，均有力地印证了云南的南部和西南部是茶树的发源地。

古树新芽（邓斌/提供）

茶源广场雕塑（袁正/摄）

　　学界认为，云南普洱市具有茶树原产地三要素：茶树的原始型生理特征；古木兰和茶树的垂直演化系统；为第三纪木兰植物群地理分布区系——因此，这一地区是世界茶树的起源地。景迈芒景古茶园在所发现栽培型古茶树中茶树数目最多、面积最大，茶树个体年龄较大，是栽培型古茶园的代表。而连片万亩的景迈古茶园，是具有悠久历史且仍在利用之中的栽培型古茶园。如今，普洱市以"世界茶源、中国茶城、普洱茶都"的定位，着力打造传统普洱茶产区的新形象。

（一）变迁之痛：茶园的危机

普洱茶农业系统，是当地传统知识维持下森林、茶树和村落和谐共处的复合生态系统。随着经济的发展，该系统也面临着一些威胁与挑战。近50年来，人口增长、不合理采摘、过度开发、大面积毁茶种粮、种甘蔗、单一化茶园替代，以及在紧邻古茶园周围建新茶园等，导致了茶园生态系统的退化。尤其是最近几年来，古茶园生产的天然有机茶引起国际国内市场的极大关注，商家过分炒作古树茶叶，当地茶农受经济利益驱使，砍伐野生古茶树，毁灭性采摘古茶园茶叶，云南省古茶园的面积由20世纪50年代的33 000余公顷，减少到21世纪初的20 000公顷。

茶树从生到死的整个生命周期长达百年以上，茶树百年以上已进入迟暮之年。目前云南一些大茶树多数树龄较大，均在百年乃至千年以上，由于体弱，不能适应恶劣的自然环境而毁损或死亡。但这毕竟是少数，引起古茶树、古茶园生存危机的主要还是人为原因。

普洱茶农业系统是当地民族在逐渐摸索茶树生长习性的基础上，对森林生态环境的模拟和利用，维持了较高的生物多样性。云南大叶茶是耐阴、喜温、喜湿的作物，当光强达到80%、遮蔽度达30%左右时，茶树达到最佳生长状态与最大产量。因此，森林对茶农业系统的生物多样性保护和可持续发展具有重要意义。当地人民有选择和保护古茶园中遮荫树种的传统，这些树木大都具有一定的经济或文化价值。一些在当地天然林中的常见树种甚至优势树种，例如中平树（*Macaranga denticulata*）、印度血桐（*Macaranga indica*）等一些先锋树种被农户认为价值不大，在生长早期就被清除，所保留的树种都是受民族传统和村寨法规保护的。

一直以来，当地居民对古茶园进行的是粗放式管理，对古茶园的管理主要是除草，每年定期一至两次砍掉杂草以及过密的幼树。若发现古茶树上生长过多"螃蟹脚"（扁枝槲寄生）或其他寄生植物，则摘除这些植物并砍去枯死的枝条。不当的管理措施将影响古茶树的正常生长，甚至使茶树死亡。不当的管理措施具体可以分为过度管理和过度保护。

一是过度管理。如20世纪60年代至70年代初，澜沧县农科所技术员到景迈对古茶园进行改造试验，采取了改土（深耕施肥，改坡地为台地）、补苗、台刈更新等措施，对古茶园内的茶树和其他植物造成了一定的负面影响。随着社会的发展，人们对有机食品的需求增加，古茶受到越来越多的关注，其价格迅速提高，人们对古茶园的管理更加积极。除草的频度由一年一两次提高至四五次，并由原来的以刀砍草变成用锄头锄草，有的农户甚至把古茶园的地皮翻起。其实，草本和灌木无利用价值，但只要不影响茶树的生长，应适当予以保留。

二是过度保护。如近年来，部分农户为求高产，将古茶树盲目台刈，对古茶园破坏严重，已经引起了管理部门的关注，并增设了森林警察，规定农户一律不

编织（邓斌/提供）

准修剪古茶树。这项措施虽然杜绝了严重破坏古茶园的行为，但也影响了一些必要的管理措施，如传统的整枝及去除病枝（感染病虫害或成为桑寄生科植物寄主的枝条）等。

此外，作为普洱茶农业系统的重要组成部分的传统文化，包括茶叶种植、采摘、加工和饮用的相关知识以及围绕茶形成的资源分配制度、自然崇拜、节庆活动（社会风俗、礼仪）等。这些对普洱茶农业系统的维持具有重要意义。然而现代文化对传统文化的不断冲击，对很多年轻人认知和传承传统茶文化造成了影响，加上熟知传统生活习俗、宗教信仰、礼仪的老人相继离世，传统茶文化也面临威胁。

而古茶园茶产量低、规格不齐、市场化和深加工程度低，虽然其高品质获得了消费者的认可，相应也具有了较高的价格，但目前市场上缺乏古树茶的监管机制，以台地茶冒充古树茶的现象泛滥，使得古树茶的价值没有得到体现，不利于其可持续发展。此外，茶叶市场的波动也会对普洱茶文化的保护带来影响。商家过分炒作使得古树乔木茶原料紧缺和价格暴涨，利益驱动和难以控制的抢摘，使茶农已等不到芽苞生长，没有芽叶便摘老叶的现象已有发生。

在这样的背景下，保护好农业文化遗产、促进农民增收、传承茶文化与农耕文明、促进普洱地区的农业和经济社会可持续发展，保护好、发展好祖先留下的宝贵财富已是势在必行。

> 农业文化遗产绝对不是关乎过去，而是为我们解决未来的农业发展问题提供更多选择。入选"全球重要农业文化遗产"并非目的本身，而是一个新的起点，它正式开启了我们对于属地内农业文化遗产的保护行动，意味着我们需要为保护和利用遗产承担更大的责任，践行更多的义务。
>
> ——联合国粮农组织原助理总干事　穆勒

（二）大巧若拙：以农业文化遗产应对危机

将历史写入故纸，翻开来是少数民族先人创造与智慧的积淀。今日，面临高速现代化、城市化及其带来的众多考验，古茶园能否依旧从容？

人们对茶园传统的管理方式遵循自然的规律与节律，天人合一、取物顺时的思想，在茶叶的栽培和采摘时尤其为茶农看重。栽培过程中，茶农们根据茶树和茶林自身的特点，通过适应自然的管理方式对茶树进行适当的修剪。这样能使茶林不致过密，影响茶叶生长。同时，又通过传说、信仰、禁忌等传统文化和思想达到对山林的保护。人们对茶树不过度利用，采摘合以时序，在保护了茶树的同时，也维护了其生境，追求一个系统的整体平衡，达到自然天性与人性合一。诚如《易传·文言》中言"夫大人者，与天地合其德，与日月合其明，与四时合其序，与鬼神合其凶。先天而天弗为，后天而奉天时。"

在尊重自然、敬畏自然的基础上，普洱的茶农还深谙如何利用自然的道理。他们利用对于茶林生态系统内部各种因素之间（生物之间、环境之间、生物与环境之间）的相互关联和物质循环，发明了一系列提高茶园环境质量和改良茶叶品质的栽培技术。如利用樟树等特殊树种进行害虫防控，创造环境培养寄生植物丰富产品，通过种植不同种类的其他作物改善茶的香气，在茶林中饲养家禽家畜和其他动物而增加茶园的养分（以粪便为肥料），并增强空气的流通等。

2012年，普洱古茶园与茶文化系统被联合国粮食及农业组织选为全球重要农业文化遗产，继承着从远古走来的历史财富，它继续向着未来前行。普洱市秉承农业文化遗产是面向未来的遗产，对古茶园进行动态保护和适应性管理：大力发掘蕴含在传统茶园与茶文化之中的深刻经验，将传统智慧与现代科技与先进管理理念广泛结合，为茶园适应新的变化提供思路。

GIAHS授牌（乔继雄/摄）

❶ 任重而道远

为了有效保护普洱茶农业系统，普洱市已经制定了一系列规范性文件、条例和措施，如《云南省澜沧拉祜族自治县古茶树保护条例》《澜沧拉祜族自治县景迈芒景古茶园风景名胜区管理暂行规定》《澜沧拉祜族自治县关于保护景迈、芒景古村落的决定》。这些规章对其他地区保护古茶树、古茶园等具有借鉴意义，同时利于更高层面的相关法律法规的制定与完善。

普洱茶农业系统具有多重价值，特别是其生态价值和高品质茶叶，对现代茶园的发展具有借鉴意义。普洱市大力发展生态茶园，实施现代茶园改造成生物多样性立体生态茶园，本质就是传统普洱茶农业系统在现代茶园中的应用，不但能提高茶园的生物多样性，也使得茶叶的食品安全得到保障。目前普洱市已经制定了《普洱市生态茶园工程建设实施意见》和《普洱市生态茶园建设技术规程》，并在茶产业"十二五"规划中将生态茶园列为重点，计划生态茶园面积将占现代茶园面积提高到90%以上。同时要加强对茶农茶叶种植技术的指导和培训，帮助茶农提高种植效益，不断规范种植技术管理措施，并提高茶原料质量，将平均单产提高到100千克。

普洱市还在现有条例的基础上进一步推动古茶树、古茶园保护的法律法规建设。在古茶树、古茶园的立法中应当遵循可持续发展原则、尊重和体现生态规律的原则、保护与合理开发利用并重的原则、尊重和体现当地的文化、民族习惯的原则、公众参与原则，明确保护范围，明确统一的管理机构，明确区分所有权与使用权，明确保护管理中的各项措施。

此外，一些适应性的管理措施也已列入古茶园保护的行动计划之中。

普洱市各级人民政府，特别是基层人民政府需要定期向古茶树、古茶园所在地的居民进行宣传教育，可以利用当地喜闻乐见的形式或根据当地少数民族的风俗习惯，如在祭祀古茶树这一过程中强调古茶树、古茶园的重要性，其与当地少

China-NIAHS授牌（邓斌/提供）

数民族的茶崇拜心理能很好地结合，从而达到比较好的教育作用。通过以上的努力，以期达到的最终目的是：提高当地居民和社会公众对普洱茶农业系统的认知，使当地居民不再滥伐古茶树、破坏古茶园，同时使当地居民积极投身到古茶树、古茶园的保护行动中来。

开展普洱茶农业系统多重价值研究，探索并推广既不影响古茶园的经济价值，又保护了生物多样性的管理措施，适当干预当地农户对古茶园的管理，尽快寻求并推广最佳修剪方法。依托国家普洱茶产品质量监督检验中心、普洱茶研究院、云南省普洱茶树良种场（国家茶树改良中心云南分中心、国家茶叶产业技术体系普洱综合试验站）、云南省普洱农业学校、云南热带作物职业学院、普洱学院等教学科研单位，加快云南茶叶科技创新中心落户普洱市，加快普洱茶文化中心建设，提升茶叶产品检验检测、科研水平。完善普洱茶源广场、龙生茶叶交易市场各项基础建设，规划在思茅区南部建设占地面积达到600亩的"云南普洱茶交易中心"，并打造成全国规模最大的普洱茶原料和产品交易集散地。

借助景迈芒景古茶园申报世界文化遗产的有利时机，开发普洱茶文化、茶马古道文化旅游产品，推出澜沧惠民景迈芒景旅游区、中华普洱茶博览苑、茶马古道遗址公园、那柯里茶马驿站、千家寨旅游区等，将普洱打造成世界茶文化旅游、休闲、度假、养生圣地。通过旅游业的健康发展推动全球重要农业文化遗产的保护工作，实现重要农业文化遗产保护与生态文化旅游相结合的全面、协调、可持续发展。

在这一层面上，包括对普洱市茶叶生产加工场所进行清理整顿。严格执行《地理标志产品普洱茶》《普洱茶加工技术与管理规范》及国家有关茶叶的质量标准，坚决取缔无营业执照、无生产许可证、无卫生许可证的

中华普洱茶博览苑（刘标/摄）

小型茶叶加工厂，特别是加工条件差、管理粗放、不符合食品卫生标准、造成资源浪费的茶叶初制所和普洱茶加工厂，扭转茶叶初制所泛滥、无序竞争、抢夺原料、竞相压价的局面；规范农资市场，严格执行"茶叶可用"与"茶叶禁用"农药的

遗产管理委员会成员参加GIAHS国际论坛（乔继雄/摄）

分类管理，杜绝剧毒有害农药流入茶叶基地；三是对茶叶经营市场进行规范，坚决打击假冒伪劣、以次充好、虚假宣传、误导消费等不法行为，维护正常的茶叶市场秩序。

❷ 传承与创新

创新是推动民族进步和社会发展的不竭动力。普洱古茶园未来的发展必然将传统与现代结合，在创新中传承传统，在创新中寻找新的发展契机。

古代中国，农业经济占据了中国经济的主体，它是广大人民赖以生存的命脉，是中国传统文化的基础。中国农业始于万年以前，在公元17、18世纪时农业文明发展至巅峰。农业经济的延续性表达了以农耕为基础的中华文明的生命力。同时，农业文化的多样性和农业生产关系的多样性形成了多元的文化结构，它是中华文化多元一体的物质基础，使得中华文明具有强大的包容性与稳定性。在农业中，中华文明传统的生命观、生态观、道德观、伦理观，传统文化、技术、知识与智慧都蕴含其中。

时至今日，中国农业依然继承着传统农业文明的精华，传承着多种多样的农业生产关系、生物多样性、传统知识、生产技术、农业工程、农业景观和农业文化。这些农业遗产，是中国传统农业的缩影，是传统文化的"遗址"，是农业文明的载体，也是当代生态农业智慧源泉。在国家大力倡导生态文明建设的今天，

农业生态文明建设绝不仅仅是农业生产系统的生态化建设，而是以农业为基础的人类群体的生态意识的觉醒，是现代农业在的生态化道路，是农村的社会发展与文化繁荣。普洱市农业生态文明建设正是围绕茶园的建设展开，它应当至少包括如下三个层次：

（1）生态意识的强化

提高民众对农业，尤其是茶园生态环境相关的知识水平，保护少数民族传统生态道德体系；增强民众的环境保护意识，强化人与自然共荣的价值观念；弘扬勤俭节约的传统美德，倡导绿色生活；充分发挥媒体的舆论引导能力，重视生态环境相关的国民教育；建设防灾减灾体系，加强重大灾害预警与防御能力；完善森林生态环境相关法律法规，建立健全环境管理制度。

（2）生态系统服务功能的提升

维持森林生态系统的稳定性，合理规划茶园生态系统所处的空间结构，综合提升茶园的各项生态系统服务功

茶庄园（袁正/摄）

茶种资源圃（陶仕科/摄）

普洱茶市（袁正/摄）

能；保护传统农业物种和有利于农业发展的茶园生物多样性；开展农田水利建设，推进水土流失的综合治理；保障食品在初级生产阶段的质量安全；控制面源污染，强化环境保护；加大力度进行农业资源保护、合理开发和循环利用；综合利用经济杠杆，建立健全生态补偿机制。

（3）生态经济的发展

形成节约环保的农业及其相关产业结构和生产方式：发展循环经济，最大化促进资源的循环利用；坚持建设节约型社会，着力推进经济的绿色发展；从生产基地的生态化、生产过程的生态化和产品的生态化三个层面，建立全方位的茶叶生态产业链条，生产低污染、零排放、高标准的生态型茶产品；将生态环境影响纳入经济发展评测体系，更为严格地控制三次产业发展过程中的资源浪费和污染排放问题。

农业文化遗产是农业文明的缩影，也是农村生态文明建设的先驱：它传承了中国传统生态观，符合生态文明的思想内涵；它记载了中华农业文明的发展历程，是传承至今的古代智慧。它能够将中国传统文化的精粹和先进的生态思想及当代科技相结合。2002年世界遗产委员会为纪念《保护世界文化和自然遗产公约》30周年而通过的《世界遗产布达佩斯宣言》中所指出的"努力在保护、可持续性和发展之间寻求适当而合理的平衡，通过适当的工作，使世界遗产资源得到保护，促进社会经济发展和提高社区生活质量做出贡献。"对农业文化遗产保护同样具有指导作用。在农业文化遗产动态保护与适应性管理的理念下，农业生态

普洱茶珍（邓斌/提供）

文明建设中所蕴含的各项内容能够得到有效的体现。农业文化遗产的保护与发展，将为新时期农业生态文明建设探索出了一条可行的道路。

目前，被列入世界自然和文化遗产名录、具有农业文化特征的项目还很少，难以起到对目前世界各地由于环境变化和经济发展而造成的农业文化遗产的保护。特别是世界各地劳动人民在长期的历史发展过程中，根据各地的自然生态条件，创造、发展出的传统农业生产系统和景观，这些特殊的农业系统和景观为农民世代传承并不断发展，保持了当地的生物多样性，适应了当地的自然条件，产生了具有独创性的管理实践与技术的结合，深刻反映了人与自然的和谐进化，持续不断地提供了丰富多样的产品和服务，保障了食物安全，提高了生活质量。既具有重要的文化价值、景观价值，又具有显著的生态效益、经济效益和社会效益，特别是对于当今人类社会协调人与自然的关系、促进经济社会可持续发展显得弥足珍贵，是具有全球意义的农业文化遗产。

由于技术的快速发展和由此而引起的文化与经济生产方式的变化，农业文化遗产，以及作为其存在基础的生物多样性和社会文化正在受到严重威胁。人们过分关注农业生产力的发展，强调专业化的生产与全球市场的作用，追求最大的经济效益，忽视系统外部性特征以及行之有效的适应性管理策略，导致了不可持续的生产方式的盛行和对自然资源的过度利用，以及生产力水平的下降，带来了生态安全的风险，丧失了相关的知识和文化体系，造成了生态恶化—经济贫困—文化丧失—社会动荡的恶性因果。

正是在这样的背景下，2002年8月，全球重要农业文化遗产动态保护与适应性管理项目应运而生。按照联合国粮农组织的定义，全球重要农业文化遗产是"农村与其所处环境长期协同进化和动态适应下所形成的独特的土地利用系统和农业景观，这种系统与景观具有丰富的生物多样性，而且可以满足当地社会经济与文化发展的需要，有利于促进区域可持续发展。"而中国具有源远流长、内容丰富的农耕文化，是中华文明立足传承之根基。2012年，农业部正式启动了中国重要农业文化遗产的发掘和保护工作。截至目前，农业部已认定两批39项中国重要农业文化遗产，分布在20个省、自治区和直辖市，普洱古茶园与茶文化系统就是首批中国重要农业文化遗产。茶不仅是中华民族在长达数千年的生息发展过程中发展出来的一种传统农业形式，更是山地人民凭借着独特而多样的自然生态条件，和勤劳、智慧的中华民族精神创造出的特色明显、经济与生态价值高度统一的传统农业生产系统。全球中国重要农业文化遗产正是运用传统农业智慧应对当代农业、生态、食品安全等一系列热点问题的典范，是传统农业走向生态文明的指向标。今日中国，食品安全受到人们越来越多的重视。类似普洱的传统农业地区是可持续与生态化农业的典范。

以生态学思想，以适应当地生态文化特征的管理技术保护古茶山的环境与文化优越性，着力建设新型生态茶园；发挥茶园作为农业生态系统的多功能性，注重生态产品的生产和产业链条的延伸，在旅游产业发展的过程中注重与古茶园相关的生态文化的结合，是农业文化遗产生态化发展的根本思路，也是具体措施。

在生态化产业发展的过程中，我们倡导多方参与，尤其是民族社区的参与，并保障生态维持主体在利益分配中的所得；我们倡导强有力的科技支撑，使茶农能够利用数字化、机械化的手段提升原有传统管理模式下农业产品的产量和质量；我们倡导拓展和发挥农业的多功能性，在保障生产功能的同时，着重以少数民族茶园文化为基础发挥农业的休闲、旅游和文化功能。

近年来，普洱市开展系列举措，推进农业文化遗产的保护和生态文明建设。为进一步加强对古茶树和核心区资源的保护，普洱市加大对古茶树资源保护的宣传，让全社会都来关心、爱护古茶树。制定了对野生古茶树资源保护办法，出台了相关的保护法规，有效遏制了对野生古茶树群落和原生态环境破坏的行为。积

极争取社会各界的资助，多渠道筹集古茶树资源保护与管理专项资金，对濒危古茶树加固除险。另外，在不断加强对古茶树保护的基础上，普洱市委、市政府还努力延展普洱茶产业链，将传统概念的普洱茶，经过科学、系统的研究和开发，使其功效进一步明确、工艺进一步改进、产业进一步升级。普洱数字化茶山示范工程已经验收竣工，将普洱茶园向着现代农业、精准农业迈出一大步。茶山、茶园、民族村寨和少数民族茶文化已经作为文化旅游的重要组成部分，并将成为未来环境、生态教育和国民休闲养生的重要场所。生态内涵和科学精神的普洱茶正向更高层次阶段发展，普洱茶及普洱茶文化已成为普洱走向世界、融入世界，让世界亲近普洱、走进普洱的一张名片。

今天，在我们一边传承普洱茶积累千年的深厚文化，一边审视我们自身的不足。脚踏茶山，听澜沧江亘古不变的吟咏，憧憬着城市的发展如江水般的奔流。叩问天宇，在现代化的浪潮中保持本真，保持源于这片土地的朴素的美；立足创新，在传承中发展，以发展带传承，以一片更为肥沃的土地作为我们对于祖先的回馈和留给后代的财富。

> 挖掘、保护和利用农业文化遗产对于解决粮食安全、气候变化、可持续发展等现代问题具有十分重要的意义。（列为保护项目后）要加紧制定保护规划，完善工作机制，创新发展思路，加大各项投入，严格按照粮农组织的要求，促进农业文化遗产的动态保护和科学发展，使之成为一项惠及民生、泽被长远的长期工程。
>
> ——农业部国际合作司巡视员　屈四喜

附录

附录1　旅游资讯

作为茶马古道上重要的驿站，普洱茶的重要产地之一，普洱市的旅游资源的十分丰富。不但有丰富的自然生态资源、水域风光资源及人文旅游资源，且茶文化、民族文化等优势明显，全市森林覆盖率超过67%，茶园达318万亩，旅游发展条件得天独厚。"观光普洱、美食普洱、欢乐普洱、养生普洱"，普洱市将成为"世界普洱茶休闲养生旅游胜地"。

走进茶山，少数民族文化多姿多彩。在建筑上，服饰上，歌舞中，随处可见茶的意象。他们以茶为食，以茶为饮，以茶为礼，以茶为祭，以茶为歌。如果我们从十几个世居民族挑选十几个美丽的少女，穿上民族服装，以天为幕，以茶山为背景，那么，我们将看到千百种姿态。而这千百种姿态，都是普洱茶孕育而出的美，是古茶园的抽象形象。

民族风情（邓斌/提供）

（一）普洱茶探寻之旅

❶ 绿海明珠——思茅区

思茅区是普洱市区所在地，集普洱各地文化于一处，以各种现代化的手段展示着城市的历史与文化。

（1）主要景点

洗马河、梅子湖、世纪广场、倒生根公园、绿岛公园、红旗广场都是不错的去处。马帮小憩群雕、雅士品茶群雕、妇女制茶雕像等散落在城市公园中，等待我们的发现。坐落在茶城大道的北段中国茶文化名人园、世界茶文化名人园更是荟萃了古今中外与茶相关的人物雕像。每一组雕塑都记载着一段史话，徐徐讲述着城市的历史。此外还有：

① 普洱国家公园（原莱阳河国家森林公园）

公园位于思茅区东南部，地处亚热带和南亚热带结合部，是北回归线上中国仅存的一片原始森林，距思茅区37千米。公园内开发出"茶马古道遗迹""兰花谷""玉生田""莱阳河科考中心观景台"等精品旅游景点。园内有度假山庄可供居住休憩。

洗马河公园（思茅区旅游局/提供）

梅子湖公园（思茅区旅游局/提供）

莱阳河国家级森林公园（思茅区旅游局/提供）

②腊梅坡

腊梅坡（哈尼语陀嘎阿拽），是个哈尼族寨子。位于普洱市思茅区思茅镇北郊，距城区5千米。腊梅坡村位于斑鸠坡段茶马古道景区的入口。1887年，这里就设立了海关的查卡，进出口的货物均要在这里验货交税。这里是茶马古道上繁忙的陆路码头，是中国南方茶马古道的大本营。从这里出发可以徒步体验茶马古道的历史和沧桑。附近还有坡脚彝族村寨。

③思茅港

思茅港是国务院批准成立的国家一级口岸，港区面积8平方千米，有小橄榄坝、虎跳石、腊撒渡口、南德坝4个渡口，集商贸、造船、航运、加工、种植、旅游为一体。到思茅港的澜沧江一改上游的躁动，在这里变得温和平静。游人可以从这里乘船出境，到泰国、老挝、缅甸三国交界的"金三角"仅240千米，是我国通往东南亚最便捷的水上通道。

（2）不可不去的茶园

①茶园观光大道

茶树良种示范园到梅子湖公园观光大道。从茶树良种繁殖、科研示范茶园为起点，沿途穿越数千亩茶树良种示范园（含营盘山万亩茶园观光园），到达碧波荡漾的梅子湖公园，是驾车感受现代茶园之美的著名景观大道。

② 中华普洱茶博览苑与竜竜坝

国家AAA级景区，距思茅区29千米，茶博苑以营盘山万亩茶园观光园为背景，与普洱国家公园（原莱阳河国家森林公园）毗邻。景区所处营盘山地势雄奇、环境优美、交通便利，整个景区共有茶地2.3万亩，茶博园共有茶博馆、村村寨寨、茶餐厅、紫瑞阁、品鉴区、茶祖庙、茶林宾馆、茶作坊等几个景点区域组成。往北6千米处的竜竜坝是体验茶农农家生活的生态园。

（3）新奇看点

大象会来转，道路绕古树，茶馆遍地有。

（4）旅游路线

第一：腊梅坡哈尼族村—徒步体验茶马古道—坡脚彝族村农家乐—返回思茅区，茶源广场品茶、购茶，晚间观看茶文化精品文艺节目；

第二：梅子湖观景台—竜竜茶家乐—茶博苑—普洱国家公园—返回思茅区。

❷ 茶马之始——宁洱哈尼族彝族自治县

宁洱，古称普洱，哈尼语，意为"水边的寨子"。雍正十三年（1735年）设宁洱府，意为"安宁的普洱"，是古普洱府所在地。宁洱是普洱茶的故乡，茶马古道的源头，素有"茶之源，道之始"的美誉。距思茅区1小时车程。城区内景点可步行或乘坐出租车，价格3~5元。周边乡镇可到客运站乘专线巴士抵达。

宁洱风光（邓斌/提供）

（1）主要景点

城区最有代表性的即为茶源广场，广场左边是云南省普洱茶业协会永久性会址，茶协正前方是"茶之源，道之始"——"茶马古道零公里"碑。

西门岩子位于古普洱府西城门外。普洱山喀斯特地貌山体外壁心脏位置倒三角形的裸露岩体和岩体中部生长出的绿油油的树木组成了一个天然的"茶"字。宁洱人因此常说：先有普洱山，后有普洱茶。

宁洱境内现存的茶马古道遗址有三段，分别是茶庵塘茶马古道、那柯里茶马古道和孔雀坪茶马古道。茶庵塘茶马古道是清嘉庆年间，为方便进贡，由官方出资修建的通往昆明，最终通往北京的官道。那柯里是古道上重要的驿站，保留了茶马古道悠久的历史痕迹和深厚的故道文化，包括茶马古道、百年荣发马店、那柯里风雨桥等。

此外，东塔公园、文昌宫门楼、民族茶艺馆、民族团结园、磨黑古镇、小黑江森林公园等也是游览的好去处。

（2）不可不去的茶园——困鹿山皇家古茶园

困鹿山历史上是皇家专用茶园，最高海拔2 271米，总面积10 122亩。这里野生型、过渡型、栽培型和大叶种、中叶种、小叶种古茶树散落在原始森林中。困鹿山寨14户茶农守护着这片茶园，并坚持以传统工艺制作着普洱茶。

（3）特产

普洱茶、鸡蛋糕、宁洱山药、磨黑槟榔芋、银饰、民族工艺品、饵块粑粑等。

困鹿山皇家古茶园（邓斌/提供）

❸ 太阳转身的地方——墨江哈尼族自治县

墨江是全国唯一的哈尼族自治县，北回归线穿县而过，造就了众多的天文奇观。墨江保留了完好的哈尼族文化体系，表现为茶马文化、迁徙文化、梯田文化等。墨江距昆明4小时车程，全程高速；距普洱市思茅区3小时车程，全天有多趟班车可以往返。

（1）主要景点

茶马驿站——碧溪古镇、北回归线标志园、墨江文庙、河西双胞井、癸能淘金园（哈尼土掌房民居，哈尼族碧约支系文化）等是墨江特色鲜明的旅游景点。

（2）节庆活动

每年5月1日~3日，中国·墨江北回归线国际双胞胎节暨哈尼太阳节。

（3）特产

紫米、麻脆、紫米封缸酒、腌蚂蚱及哈尼族服饰等。

❹ 银生古城——景东彝族自治县

景东境内在唐南诏时到宋大理国中期属银生节度，是现代仍有迹可循的古普洱茶产区。距昆明12小时车程，距普洱市思茅区6小时车程。县内有公交车和出租车，价格2~5元，周边乡镇可乘大巴前往。

（1）主要景点

明代卫城遗址，文庙，菊河三道沟，大地雕塑——景东土林，古战场遗址——仙人寨，《天龙八部》神仙地——无量剑湖、无量雄峰，杜鹃湖等是景东特色鲜明的旅游景点。

（2）特产

核桃、土鸡蛋、腊肉、核桃乳、刺包菜等。

❺ 芒果之乡——景谷傣族彝族自治县

景谷，古称"勐卧"，意为有盐井的地方，素有"林海明珠、芒果之乡、佛教圣地"的美称，是宽叶木兰化石出土的地方。景谷距昆明10小时车程；距普洱市思茅区4小时车程，路况良好，适合自驾。

（1）主要景点

塔包树·树包塔，大石寺，仙人洞，迁糯佛寺，芒朵佛迹园，威远江自然保护区等是景谷主要旅游景点。境内还有一棵中国象牙芒始祖树，树龄100年，为百年前从清迈引进。

（2）节庆活动

傣族采花节和泼水节（傣历新年）；彝族火把节（农历六月二十四）；国际陀螺节、雨林之旅汽车越野赛等。

（3）特产

象牙芒果、牛撒撇、"大有为"芒果汁等。

芒玉古桥（刘标/摄）

⑥ 世界茶树王所在地——镇沅彝族哈尼族拉祜族自治县

迁糯佛寺（景谷县旅游局/提供）

镇沅，唐南诏时属银生节度腹地。境内哀牢山自然保护区景色迷人，是一片不曾被惊扰的处女地。镇沅距普洱市思茅区4小时车程，路面良好，适合自驾。

（1）主要景点：

苦聪山寨与苦聪杀戏。苦聪人是拉祜族支系，居住在哀牢山、无量山海拔1 800米左右的山中，保留了极为原始的民族特征。其造纸技术、杀戏、畲芭节都是其他地方无法经历的文化体验。

苦聪人经石堆（袁正/摄）

苦聪人传统造纸术（袁正/摄）

此外，镇沅还有茶马古道遗址风雨桥、金山垭口原始森林、狗碑等许多极富特色的景点供人探寻。

（2）不可不去的茶园

千家寨风景名胜区。地处哀牢山自然保护区边缘，区内古树参天，青藤蔓绕，山花烂漫，河水潺潺，雀鸟啼鸣。在古朴神秘的山林中，可以享受悠然自得的山野乐趣和勾人心魄的神奇与浪漫。在这片原始森林中，无数野生型古茶树自由的生长，2700年野生茶树王隐匿其中。

（3）特产

茶叶、蜂蜜、生态鱼、野生菌等。

❼ 边地的诱惑——江城哈尼族彝族自治县

江城与越南、老挝两国接壤，形成了一眼望三国的区位，能给予我们站在边境看风景的特殊体验。江城距昆明10小时车程，全程高速；距普洱市思茅区3小时车程，全天有多趟班车可以往返。

（1）主要景点

中、老、越三国界碑，土卡河陆地渔村，李先江热带雨林，大河边傣族民俗村，古贺井塔，巨榕成林，南麓山森林公园，二官寨温泉，县城观景台，宝藏深层矿盐浴，狮子崖风光、勐烈古镇等展现了边城多民族与自然和谐共生的风采。

（2）不可不去的茶园

①江城茶园（牛洛河万亩茶园）：云南省最大的集中连片茶园之一。

②明子山桫椤园茶园：桫椤树与茶的共生，高低错落，别具一格。

（3）节庆活动

每年10月，中老越三国丢包狂欢节。

（4）特产

茶叶、野生菌、笋子、生态鱼、野生果、各民族服饰、傣族挎包、彝族丢包、藤器、蜂蜜、竹虫、国庆酒等。

⑧ 边地绿宝石——孟连傣族拉祜族佤族自治县

孟连是中缅边界上的宝地，境内森林覆盖，良田肥沃，是傣族人找到的好地方。孟连是中国最大的保存完好的龙血树居群所在地，有"龙血树之乡"的美誉。孟连距昆明10小时车程；距普洱市思茅区4小时车程。城区景点可乘坐环保电瓶车前往，价格1元。

孟连娜允古镇（邓斌/提供）

（1）主要景点

主要有孟连大金塔，傣家大本营——娜允古城，中城佛寺，孟连宣抚司署，上城佛寺，金山森林公园，法罕山，孟连金塔，土司的避暑山寨——勐外傣族寨，勐马温泉，勐阿口岸等景点。

（2）节庆活动

4月13日~16日泼水节；5月1日~5日神鱼节，农历八月十五新米节，农历十月十五葫芦节。

（3）特产

茶叶、中草药、糯米、小香蒜、小红米、民族服装、民族服饰、缅甸特产等。

（4）提示

要去缅甸游览，请在工作日携带相关证件到孟连公安局办理出境手续。

❾ 与江同名——澜沧拉祜族自治县

澜沧是全国唯一的拉祜族自治县，古老神奇的拉祜族传统文化与景迈芒景千年万亩古茶园一起为澜沧江畔的山乡增色添彩。澜沧距普洱市思茅区4小时车程。城区景点可乘坐公交或出租车，价格2~5元。周边乡镇可到客运站乘坐专线到达。

芒景（澜沧县旅游局/提供）

哈尼姑娘采茶忙（澜沧县旅游局/提供）

（1）主要景点

澜沧江畔的拉祜风情园、澜沧县老达保拉祜歌舞特色村、糯福教堂、孔明山等景点展示了拉祜族的文化风情。

（2）不可不去的茶园

景迈芒景千年万亩古茶园是目前世界上保存完好的大面积栽培型古茶林。茶林位于澜沧县东南的回民巷景迈，距县城72千米。古茶园驯化栽培历史有可能追溯到佛历713年（169年）。茶山内古老的茶树与原始森林交错丛生，天然无污染。寄生于古树上的螃蟹脚有较高的药用价值。

（3）节庆活动

4月4日~8日葫芦节；4月13日~16日泼水节；农历一月初一到初四，阔塔节。

（4）特产

多依果、拉祜小粑粑、拉祜族服饰、首饰等。

⑩ 佤族山乡——西盟佤族自治县

西盟，是一个以佤族为主的边疆少数民族自治县。这里的佤族人民热情、大方、好客，随着佤族人一起狂欢，是每个到西盟游客的必修之课。西盟距普洱市思茅区5小时车程。

佤山秘境（李安强/摄）

（1）主要景点

佤族文化体验：神湖勐梭龙潭、神灵聚居地龙摩爷、木鼓房永克洛、忘忧处里坎瀑布、创始者木依吉、佤山自然风光云海等。

（2）节庆活动

每年4月11日~13日中国佤族木鼓节。

（3）特产

水酒、西盟米荞、金丝笋、生态云雾茶、腌酸鱼、木瓜、酸木瓜、羊奶果；佤族服饰、手工编织品、挎包、腰刀、木拉、袖珍象脚鼓和小木鼓、水酒杯等。

（二）美食攻略

普洱人认为"绿的都是菜，动的都是肉"。普洱人春天吃山里的白花、椿尖、棠梨花，夏天吃河里的鱼、竹里的虫，雨季来了有大红菌、牛肝菌、见手青、奶浆菌等，端午时吃山里的各种药根。可见他们吃的大胆，吃的丰富。

❶ 普洱的酸甜苦辣

普洱的饮食中，酸甜苦辣具备，且各具特色。

酸的有酸鸡脚、腌菜、蘸盐巴辣子吃的腌制水果，是普洱人的最爱。

甜的不仅是水果和蔬菜，还有中秋时的双层糯米粑粑，路边阿姨卖的冰粉和米凉虾。

苦的有苦子果、苦水凉粉、苦荞粑粑，解腻去火，食之不忘。

辣，普洱人吃辣不输四川，红彤彤的辣椒油，鲜嫩的小米辣，都能激起味蕾的快感。

❷ 地方特色美食

① 思茅：夜市露天烧烤，"三味楼"傣味，麻鸡丫口、高家寨、大寨二牛农家乐。

② 宁洱：清早路边的豆汤米干，利民工厂门口的大眼睛凉拌，农贸市场胖大妈饵块，江西会馆，困鹿山农家园，雨轩风情园。

③ 墨江：哈尼长街宴，麻脆，东南亚第一烧烤城——双龙烧烤城。

④ 景东：黄山面、"郝思嘉"核桃乳，跳菜与彝家风味。

⑤ 景谷：象牙芒园中的芒果。

⑥ 澜沧：澜沧鸡和拉祜族小粑粑。

⑦ 西盟：水酒、西盟米荞和佤族鸡肉稀饭。

（三）其他

> 区号：0879
>
> 邮编：665000
>
> 旅游信息查询：普洱旅游网　http://www.puerta.gov.cn/index.aspx
>
> 重要电话：普洱市旅游局电话：0879-2134847
>
> 　　　　　旅游投诉电话：96927
>
> 　　　　　思茅机场联系电话：0879-2153055
>
> 　　　　　普洱市中医医院联系电话：0879-2122254
>
> 　　　　　普洱市医院联系电话：0879-2124169

❶ 外部交通

（1）飞机

普洱机场（原思茅机场）距市区2千米，位于普洱市思茅区。目前，普洱机场开通了北京（首都国际机场）—普洱和昆明（长水国际机场）—普洱两条航线。北京—普洱，每天一班航班往返；昆明—普洱，每日早、午、晚各一班航班往返。机场问询电话：0879—2153055。

到达交通：无机场大巴，公交7路经过机场路口，可到达市区，也可步行或乘坐出租到市区。

（2）汽车

思茅区距云南省会昆明430千米，距西双版纳160千米。

公路运输是普洱境内最主要的交通方式，从普洱乘坐长途汽车可以到达昆明、西双版纳、景谷、墨江、江城、景东、开远、绿春、河口、下关、临沧等地。普洱和昆明之间，每天都有很多班车，全程524千米，半数路程为高速公路。西双版纳景洪至思茅的班车每天也有很多。从思茅汽车客运站每天有许多发往下辖各县的班车。

市区客运站：

思茅汽车客运站

地址：普洱市思茅区五一路

联系方式：0879-2122312

普洱市客运站

地址：普洱市思茅区振兴南路振兴达到148号

联系方式：0879-2308286

（3）火车

普洱还没有通火车。需要乘坐火车的游客可以在昆明下车，再转乘汽车前往普洱。

❷ 内部交通

（1）公交

普洱市区共有7条公交线路。运营时间一般为7:00~21:00，个别线路末班车为21:30。各县区一般有独立的公交线路。公交线路与换乘查询：http://bus.mapbar.com/puer/。

（2）出租车

普洱市出租车起步价5元（3千米），之后视车型不同每公里1.2元或1.4元；每等候5分钟加收0.5千米租价的等候费；凌晨零点至6点，起租收费标准为10元。

③ 最佳旅行时间

普洱是个四季如春的地方，无严寒，无酷暑，温暖湿润，一年四季均适合到普洱旅游。

④ 旅行安全

普洱境内公路质量良好，适合自驾游。自驾游要注意境内时常出没的野生和家养动物，适速慢行，欣赏美景的同时注意安全。

众多的自然风景区内沿步道通行，切勿在没有向导的条件下自行穿过原始森林。

附录2　大事记

地质时期

渐新世茶树始祖，茶属近源植物宽叶木兰生长于此。

上古

神农氏尝百草而遇茶。

众多少数民族传说中提及古濮人山中受伤后发现茶树，后开始采摘茶叶。

德昂族史诗《达古达楞格莱标》中认为茶树是万物始祖，化育世界，繁衍人类。

夏~隋

周，野生茶树居群存在于哀牢山、无量山中。

东汉，《神农本草经》记载："神农尝百草，日遇七十二毒，得茶而解之。"

传说三国时，诸葛亮带兵南征时曾到今普洱、西双版纳一带，用茶叶缓解士兵水土不服的症状。

东晋，《华阳国志·巴志》记载："周武王伐纣，得巴蜀之师……其地东至鱼腹，西至僰道，北接汉中，南极黔涪，土植五谷，牲具六畜，桑蚕麻苎，鱼盐铜铁、丹漆茶蜜……皆纳贡之。"

唐~元

唐建中元年（780年），陆羽《茶经·一之源》："茶者，南方之嘉木也。一尺、二尺乃至数十尺；其巴山峡川有两人合抱者，伐而掇之。其树如瓜芦，叶如栀子，花如白蔷薇，实如栟榈，蒂如丁香，根如胡桃。其字，或从草，或从木，或草木并。其名，一曰茶，二曰槚，三曰蔎，四曰茗，五曰荈。其地，上者生烂石，中者生砾壤，下者生黄土。凡艺而不实，植而罕茂。法如种瓜，三岁可采。野者上，园者次。阳崖阴林，紫者上，绿者次；笋者上，芽者次；叶卷上，叶舒次。阴山坡谷者，不堪采掇，性凝滞，结瘕疾。茶之为用，味至寒，为饮最宜。精行俭德之人，若热渴、凝闷、脑疼、目涩、四肢烦、百节不舒，聊四五啜，与醍醐、甘露抗衡也。"

唐贞元十年（794年），南诏政权在银生城（今景东）设银生节度。

唐咸通年间（860—875年），樊绰《蛮书》："茶出银生城界诸山，散收无采造法，蒙舍蛮以椒姜桂和烹而饮之。"

唐乾符六年（879年），普洱设治，名步日睒。

北宋，栽种邦崴大茶树。

南宋，李石《续博物志》："西番之用普茶，已自唐时。"后收录于清阮福编著的《普洱茶记》中。

元，改步日为普日。

元，栽植澜沧县景迈山景迈、勐本、芒埂、糯岗、芒景、翁居翁洼、芒洪等茶园。

明

洪武十六年（1383年），改普日为普耳。

万历年间（1573—1620年），改普耳为普洱，设"茶司马"，为官方专门管理茶马互市的机构。

万历六年（1578年），李时珍《本草纲目》："普洱茶出云南普洱。"

万历末年（约1619年），谢肇淛在《滇略》里记有"士庶所用，皆普茶也，蒸而团之。"此后，普洱茶一词多见于古籍。

《云南通志》："车里之普洱，此处产茶。"

清

康熙元年（1662年），饬云南督抚派员，支库款采买普洱茶5担送到京，供内廷饮用。

康熙五十五年（1716年），镇守云南开化等地的副管总兵官事闫光伟为贺康熙寿辰，进贡普洱茶40圆。清宫档案还有此后多次地方官员向宫廷进贡普洱茶的记录。

雍正七年（1729年），农历闰七月，设普洱府，普洱通判移驻思茅。同年，设思茅总茶店，茶叶归官府收售，新旧茶商均驱逐出境。

雍正十三年（1735年），定普洱府年收茶叶三千引（合今3 510担），年收课银960两，普洱茶名镇京师。

乾隆五十八年（1793年），乾隆皇帝在热河行宫接见英国使团，回礼中包含普洱茶8团。此后，在乾隆年间与英国多次国事往来中，普洱茶团和茶膏均作为国礼。

乾隆六十年（1795年），定普洱贡茶为团茶5种（3斤、2.3斤、1.5斤、4两、1.5两），用锡瓶、缎匣装芽茶。清中期至清末，云南每年向清宫廷进贡普洱茶成为定例。

道光五年（1825年），阮福编著的《普洱茶记》问世。

道光六年（1826年），雪渔《鸿泥杂记·卷二》："云南通省所用茶，俱来自普洱。"

道光三十年（1850年），思茅厅外来人口户籍达到5 571户，为土著人口户籍

1 016户的4.5倍，多为商人。

光绪二十一年（1895年），清政府与法国签订《中法商务专条》，思茅被开放为通商口岸。

中华民国

民国4年（1915年），景东县老仓茶制发精良，得到云南省长唐继尧优等奖。

中华人民共和国

1953年，改普洱为思茅，设地级行政单位。

1991年12月，澜沧县邦崴村发现一株古茶树。1992年10月经专家论证，认定是已经发现的国内外唯一的野生型到栽培型之间的过渡型茶树，树龄千年左右。

1992年7月，云南省名茶鉴定评比会上，思茅地区15个品种被评为名茶。

1993年4月，中国普洱茶国际学术研讨会和中国古茶树遗产保护研讨会在思茅举行，来自9个国家和地区181位专家学者参加，认定世界茶树原产地中心地带在思茅地区澜沧江沿岸一带。

1993年4月，举办"首届中国普洱茶叶节"。

1996年11月，由地区茶叶学会、镇沅彝族哈尼族拉祜族自治县委、县政府组织的来自省内外9个科研单位的10余名专家、学者对镇沅县千家寨野生古茶树居群进行实地考察，认为千家寨野生茶树群落是迄今为止世界上最大最古老的野生茶树居群，其中1号古茶树树龄2 700年，2号古茶树树龄2 500年。

2001年4月，第三届中国普洱茶国际学术研讨会在思茅召开。会上为千家寨1号古茶树颁发"大世界基尼斯之最"的牌匾和证书。

2005年5月1日，首届"'马帮茶道·瑞贡京城'普洱茶文化北京行活动"从宁洱出发。

2005年6月，中国普洱茶茶艺学校在普洱职业中学挂牌。

2005年10月，国家工商总局商标局核准了云南普洱茶叶协会申请注册的"普洱茶"商标和普洱茶地理标志产品证明商标。

2005年12月，启动普洱市古茶树资源普查，历时一年。

2006年4月，云南省普洱茶叶协会成立，宁洱县茶源广场"茶马古道纪念碑"揭碑。

2006年8月，思茅市文学艺术联合会主办的《普洱》杂志创刊。

2007年1月，普洱茶叶学会主办的《普洱学刊》，首期出版发行。

2007年4月，100多年前进贡朝廷的"金瓜贡茶（万寿龙团）"回到故乡普洱。

2007年4月，思茅市更名为普洱市。

2010年6月，国家文物局、云南省文化厅主办的"中国文化遗产保护——普洱（茶马古道）论坛"在普洱举行，提出将景迈山古茶园申报为世界文化遗产，并下发了《普洱市人民政府办公室关于成立澜沧景迈山万亩古茶园申报世界文化遗产工作领导小组的通知》（普政办发〔2010〕117号），成立了申遗领导小组。

2011年6月，普洱市申遗领导小组副组长、副市长童书玮带领申遗领导小组成员参加了在北京举行的，由联合国粮农组织主办，中国科学院地理科学与资源研究所自然与文化遗产研究中心和全球重要农业文化遗产（GIAHS）中国项目办公室承办的"全球重要农业文化遗产国际论坛"。

2012年3月，参加了由农业部主办，中国农业博物馆、全国农业展览馆承办的"中华农耕文化展"。普洱市领导向乌云其木格副委员长、张梅颖副主席、韩长赋部长等介绍了普洱茶相关情况。

2012年5月，景迈山古茶园通过国家文物局组织的《中国世界文化遗产预备名单》初审，6月初，国家文物局委托中国古迹遗址保护协会安排卓军、王建荣两位专家，对景迈山古茶园进行了现场考察评估工作。

2012年9月，联合国粮农组织将普洱古茶园与茶文化系统列入全球重要农业文化遗产（GIAHS）。

2012年11月，在北京召开的全国世界文化遗产工作会议上，国家文物局公布了更新后的《中国世界文化遗产预备名单》，景迈山古茶园成功入选预备名单。

2013年5月，"普洱古茶园与茶文化系统"被农业部认定为首批中国重要农业文化遗产。

2014年4月，普洱景迈山古茶园保护管理局正式成立，于4月1日举行揭牌仪式，标志着普洱景迈山古茶园申遗工作和保护管理工作已建立长效机制。

2014年6月，普洱市提出"天赐普洱，世界茶源"的城市品牌。

2014年10月，普洱市农业局组织"全球重要农业文化遗产保护相关知识培训"。培训了澜沧、宁洱、镇沅、墨江等7县54个乡镇从事茶叶生产的茶企业、茶叶专业合作社等150多名农民代表。内容涉及GIAHS"普洱古茶园与茶文化系统"现状、申遗过程、保护工作开展、保护与开发过程中遇到的矛盾等。培训中发放宣传材料3000余册。

2015年3月，普洱市向国家文物局正式递交"景迈山古茶林"申报世界文化遗产材料。

附录3 全球／中国重要农业文化遗产名录

❶ 全球重要农业文化遗产

2002年，联合国粮农组织（FAO）发起了全球重要农业文化遗产（Globally Important Agricultural Heritage Systems, GIAHS）保护项目，旨在建立全球重要农业文化遗产及其有关的景观、生物多样性、知识和文化保护体系，并在世界范围内得到认可与保护，使之成为可持续管理的基础。

按照FAO的定义，GIAHS是"农村与其所处环境长期协同进化和动态适应下所形成的独特的土地利用系统和农业景观，这些系统与景观具有丰富的生物多样性，而且可以满足当地社会经济与文化发展的需要，有利于促进区域可持续发展。"

截至2014年年底，全球共13个国家的31项传统农业系统被列入GIAHS名录，其中11项在中国。

全球重要农业文化遗产（31项）

序号	区域	国家	系统名称	FAO批准年份
1	亚洲	中国	浙江青田稻鱼共生系统 Qingtian Rice–Fish Culture System	2005
2			云南红河哈尼稻作梯田系统 Honghe Hani Rice Terraces System	2010
3			江西万年稻作文化系统 Wannian Traditional Rice Culture System	2010
4			贵州从江侗乡稻—鱼—鸭系统 Congjiang Dong's Rice–Fish–Duck System	2011
5			云南普洱古茶园与茶文化系统 Pu'er Traditional Tea Agrosystem	2012
6			内蒙古敖汉旱作农业系统 Aohan Dryland Farming System	2012
7			河北宣化城市传统葡萄园 Urban Agricultural Heritage of Xuanhua Grape Gardens	2013
8			浙江绍兴会稽山古香榧群 Shaoxing Kuaijishan Ancient Chinese Torreya	2013
9			陕西佳县古枣园 Jiaxian Traditional Chinese Date Gardens	2014
10			福建福州茉莉花与茶文化系统 Fuzhou Jasmine and Tea Culture System	2014
11			江苏兴化垛田传统农业系统 Xinghua Duotian Agrosystem	2014
12		菲律宾	伊富高稻作梯田系统 Ifugao Rice Terraces	2005
13		印度	藏红花文化系统 Saffron Heritage of Kashmir	2011
14			科拉普特传统农业系统 Traditional Agriculture Systems, Koraput	2012

续表

序号	区域	国家	系统名称	FAO批准年份
15		印度	喀拉拉邦库塔纳德海平面下农耕文化系统 Kuttanad Below Sea Level Farming System	2013
16			能登半岛山地与沿海乡村景观 Noto's Satoyama and Satoumi	2011
17			佐渡岛稻田—朱鹮共生系统 Sado's Satoyama in Harmony with Japanese Crested Ibis	2011
18		日本	静冈县传统茶—草复合系统 Traditional Tea-Grass Integrated System in Shizuoka	2013
19	亚洲		大分县国东半岛林—农—渔复合系统 Kunisaki Peninsula Usa Integrated Forestry, Agriculture and Fisheries System	2013
20			熊本县阿苏可持续草地农业系统 Managing Aso Grasslands for Sustainable Agriculture	2013
21			济州岛石墙农业系统 Jeju Batdam Agricultural System	2014
22		韩国	青山岛板石梯田农作系统 Traditional Gudeuljang Irrigated Rice Terraces in Cheongsando	2014
23		伊朗	坎儿井灌溉系统 Qanat Irrigated Agricultural Heritage Systems of Kashan, Isfahan Province	2014
24		阿尔及利亚	埃尔韦德绿洲农业系统 Ghout System	2005
25	非洲	突尼斯	加法萨绿洲农业系统 Gafsa Oases	2005
26		肯尼亚	马赛草原游牧系统 Oldonyonokie/Olkeri Maasai Pastoralist Heritage Site	2008

续表

序号	区域	国家	系统名称	FAO批准年份
27	非洲	坦桑尼亚	马赛游牧系统 Engaresero Maasai Pastoralist Heritage Area	2008
28			基哈巴农林复合系统 Shimbwe Juu Kihamba Agro-forestry Heritage Site	2008
29		摩洛哥	阿特拉斯山脉绿洲农业系统 Oases System in Atlas Mountains	2011
30	南美洲	秘鲁	安第斯高原农业系统 Andean Agriculture	2005
31		智利	智鲁岛屿农业系统 Chiloé Agriculture	2005

❷ 中国重要农业文化遗产

我国有着悠久灿烂的农耕文化历史，加上不同地区自然与人文的巨大差异，创造了种类繁多、特色明显、经济与生态价值高度统一的重要农业文化遗产。这些都是我国劳动人民凭借独特而多样的自然条件和他们的勤劳与智慧，创造出的农业文化的典范，蕴含着天人合一的哲学思想，具有较高的历史文化价值。农业部于2012年开始中国重要农业文化遗产发掘工作，旨在加强我国重要农业文化遗产的挖掘、保护、传承和利用，从而使中国成为世界上第一个开展国家级农业文化遗产评选与保护的国家。

中国重要农业文化遗产是指"人类与其所处环境长期协同发展中，创造并传承至今的独特的农业生产系统，这些系统具有丰富的农业生物多样性、传统知识与技术体系和独特的生态与文化景观等，对我国农业文化传承、农业可持续发展和农业功能拓展具有重要的科学价值和实践意义。"

截至2014年底，全国共有39个传统农业系统被认定为中国重要农业文化遗产。

中国重要农业文化遗产（39项）

序号	省份	系统名称	农业部批准年份
1	天津	滨海崔庄古冬枣园	2014
2		宣化传统葡萄园	2013
3	河北	宽城传统板栗栽培系统	2014
4		涉县旱作梯田系统	2014
5	内蒙古	敖汉旱作农业系统	2013
6		阿鲁科尔沁草原游牧系统	2014
7	辽宁	鞍山南果梨栽培系统	2013
8		宽甸柱参传统栽培体系	2013
9	江苏	兴化垛田传统农业系统	2013
10		青田稻鱼共生系统	2013
11		绍兴会稽山古香榧群	2013
12	浙江	杭州西湖龙井茶文化系统	2014
13		湖州桑基鱼塘系统	2014
14		庆元香菇文化系统	2014
15		福州茉莉花种植与茶文化系统	2013
16	福建	尤溪联合梯田	2013
17		安溪铁观音茶文化系统	2014
18	江西	万年稻作文化系统	2013
19		崇义客家梯田系统	2014
20	山东	夏津黄河故道古桑树群	2014
21	湖北	羊楼洞砖茶文化系统	2014
22	湖南	新化紫鹊界梯田	2013
23		新晃侗藏红米种植系统	2014
24	广东	潮安凤凰单丛茶文化系统	2014

续表

序号	省份	系统名称	农业部批准年份
25	广西	龙脊梯田农业系统	2014
26	四川	江油辛夷花传统栽培体系	2014
27		红河哈尼稻作梯田系统	2013
28		普洱古茶园与茶文化系统	2013
29	云南	漾濞核桃—作物复合系统	2013
30		广南八宝稻作生态系统	2014
31		剑川稻麦复种系统	2014
32	贵州	从江侗乡稻鱼鸭系统	2013
33	陕西	佳县古枣园	2013
34		皋兰什川古梨园	2013
35	甘肃	迭部扎尕那农林牧复合系统	2013
36		岷县当归种植系统	2014
37	宁夏	灵武长枣种植系统	2014
38	新疆	吐鲁番坎儿井农业系统	2013
39		哈密市哈密瓜栽培与贡瓜文化系统	2014